普通高等教育"十一五"国家级规划教材

21世纪计算机科学与技术实践型教程

刘建臣 周丽莉 主 编
狄巨星 王振岩 副主编

Visual FoxPro
程序设计上机实验

丛书主编 陈明

清华大学出版社

北京

内 容 简 介

本书是根据教育部高教司关于非计算机专业计算机基础教育的指导性意见,并依据全国计算机等级考试二级(Visual FoxPro)考试大纲要求,结合目前我国高等院校计算机课程开设的实际情况,融会所有作者多年从事计算机教学的实际经验编写而成的。

本书是与《Visual FoxPro 程序设计教程》(ISBN 978-7-302-24116-4)配套的实验指导,以 Microsoft Visual FoxPro 6.0 关系数据库管理系统为基础,从面向对象的可视化程序设计的角度出发,强调理论与实践的结合,注重基本技能的训练和动手能力的培养,是一套比较完整的数据库管理系统的实验体系,内容包括上机实验、习题及参考答案、全国计算机等级考试二级 Visual FoxPro 试卷及参考答案三部分内容。综合实验、习题、解答于一体,内容丰富,有很强的实用性,覆盖了 Visual FoxPro 程序设计教学的知识点。

本书可作为非计算机专业计算机程序设计课程的教材,也可供参加计算机等级考试的人员用做上机培训教材,或供广大从事数据库应用开发的人员学习参考。本书内容较全面并具有相对独立性,也可以和其他类似教材配合使用。

图书在版编目(CIP)数据

Visual FoxPro 程序设计上机实验/刘建臣,周丽莉主编. —北京:清华大学出版社,2011.2

(21 世纪计算机科学与技术实践型教程)

ISBN 978-7-302-24258-1

Ⅰ. ①V… Ⅱ. ①刘… ②周… Ⅲ. ①关系数据库—数据库管理系统,Visual FoxPro—程序设计—高等学校—教学参考资料　Ⅳ. ①TP311.138

中国版本图书馆 CIP 数据核字(2010)第 250057 号

责任编辑:汪汉友　王冰飞
责任校对:白　蕾
责任印制:杨　艳

出版发行:清华大学出版社　　　　　　　　　　　　地　　址:北京清华大学学研大厦 A 座
　　　　　http://www.tup.com.cn　　　　　　　　邮　　编:100084
　　社　总　机:010-62770175　　　　　　　　　邮　　购:010-62786544
　　投稿与读者服务:010-62795954,jsjjc@tup.tsinghua.edu.cn
　　质　量　反　馈:010-62772015,zhiliang@tup.tsinghua.edu.cn
印　装　者:北京鑫海金澳胶印有限公司
经　　销:全国新华书店
开　　本:185×260　　印　张:15.25　　字　　数:356 千字
版　　次:2011 年 2 月第 1 版　　印　　次:2011 年 2 月第 1 次印刷
印　　数:1~4000
定　　价:25.00 元

产品编号:038146-01

《21 世纪计算机科学与技术实践型教程》

序

　　21 世纪影响世界的三大关键技术是以计算机和网络为代表的信息技术、以基因工程为代表的生命科学和生物技术和以纳米技术为代表的新型材料技术。信息技术居三大关键技术之首。我国国民经济的发展采取信息化带动现代化的方针,要求在所有领域中迅速推广信息技术,因而需要大量的计算机科学与技术领域的优秀人才。

　　计算机科学与技术的广泛应用是计算机学科发展的原动力,计算机学科是一门应用科学。因此,计算机学科的优秀人才不仅应具有坚实的科学理论基础,而且更重要的是能将理论与实践相结合,并具有解决实际问题的能力。培养计算机科学与技术的优秀人才是社会的需要、国民经济发展的需要。

　　制定科学的教学计划对于培养计算机科学与技术人才十分重要,而教材的选择是实施教学计划的一个重要组成部分,《21 世纪计算机科学与技术实践型教程》主要考虑下述两个方面的实际情况。

　　一方面,高等学校的计算机科学与技术专业的学生,在学习了基本的必修课和部分选修课程之后,立刻进行计算机应用系统的软件和硬件开发与应用尚存在一些困难,而《21 世纪计算机科学与技术实践型教程》就是为了填补这部分空白,将理论与实际相结合,使学生不仅能学会计算机科学理论,而且能学会应用这些理论解决实际问题。

　　另一方面,计算机科学与技术专业的课程内容需要经过实践练习,才能深刻理解和掌握。因此,本套教材增强了实践性、应用性和可理解性,并在体例上做了改进——使用案例说明。

　　实践型教学占有重要的位置,不仅体现了理论和实践紧密结合的学科特征,而且对于提高学生的综合素质,培养学生的创新精神与实践能力有特殊的作用。因此,研究和撰写实践型教材是必需的,也是十分重要的任务。优秀的教材是保证高水平教学的重要因素,选择水平高、内容新、实践性强的教材可以促进课堂教学质量的快速提升。在教学中,应用实践型教材可以增强学生的认知能力、创新能力、实践能力以及团队协作和交流表达能力。

　　实践型教材应由教学经验丰富、实际应用经验丰富的教师撰写。此系列教材的作者不但从事多年的计算机教学,而且参加并完成了多项计算机类的科研项目,他们把积累的经验、知识、智慧、素质融合于教材中,奉献给计算机科学与技术的教学。

　　本系列教材在组织编写过程中,虽然经过了周密的思考和讨论,但毕竟是初步的尝试,书中不完善之处不可避免,敬请专家与读者指正。

本系列教材主编　陈明

2005 年 1 月于北京

前　　言

　　数据库技术是计算机领域的一个重要分支,它从产生到现在,经过若干年应用,数据库理论基础逐步得到了发展和充实,数据库产品越来越多。Visual FoxPro 是最为实用的数据库管理系统和中小型数据库应用系统的开发工具之一,它为数据库结构和应用程序开发而设计,是功能强大的面向对象软件。

　　本书以《Visual FoxPro 程序设计教程》教材为基础,是 Visual FoxPro 程序设计的学习和实验指导教程。以 Visual FoxPro 6.0 关系数据库管理系统为基础,从面向对象的可视化程序设计的角度出发,强调理论与实践的结合,注重基本技能的训练和动手能力的培养,是一套比较完整的数据库管理系统的实验体系。重点练习 Visual FoxPro 的基本操作方法,掌握其功能及使用。本书精心设计了多个实验,由浅入深,前后连贯,循序渐进地引导学生逐步掌握实际的数据库操作以提高应用能力。

　　本书共分为三部分。第一部分是上机实验,共有 13 个基本实验,每个实验均有具体要求和详细的操作步骤,同时每个实验还提供了上机作业。通过大量的有针对性的上机实验,可帮助读者更好地熟悉 Visual FoxPro 数据库系统的基本语法、语义及程序设计的基本方法。第二部分是为理论教材中大部分章节的习题配备的参考答案,以便于学生自学。第三部分是近年来全国计算机等级考试二级 Visual FoxPro 试卷及参考答案,可供参加考试的学生学习使用。

　　本书在体系结构的安排上由浅入深、循序渐进,涵盖了全国计算机等级考试二级 Visual FoxPro 考试大纲中的所有内容。全书结构严谨、通俗易懂,兼有普及与提高的双重功能。

　　本书由刘建臣、周丽莉担任主编及完成统稿,狄巨星、王振岩担任副主编。参加本书编写的有狄巨星(实验 1、2、3)、周丽莉(实验 4、5)、王建雄(实验 6、7、8)、王利霞(实验 9)、祁爱华(实验 10、11)、王振岩(实验 12、13)、李凤云(习题及参考答案),本书的审校工作由刘建臣完成。参加本书大纲讨论及部分编写工作的还有李建华、杨克俭等。由于时间仓促,加之编者水平有限,书中难免有疏漏和不足之处,恳请专家和广大读者指正。

编著者

2010 年 10 月

目　　录

第一部分　上机实验

实验 1　Visual FoxPro 环境和项目管理器

实验目的

- 掌握 Visual FoxPro 系统的启动和退出方法。
- 熟悉 Visual FoxPro 的界面，Visual FoxPro 的系统菜单、工具栏中的常用工具、"命令"窗口、对话框等。
- 掌握 Visual FoxPro 系统环境的设置方法。
- 熟悉项目管理器的界面和使用方法。
- 掌握项目管理器的启动，学会使用项目管理器组织文件。

1.1　实验内容及步骤

1.1.1　Visual FoxPro 的启动和退出

1. Visual FoxPro 的启动方法

Visual FoxPro 与 Windows 环境下的其他软件一样，有多种启动方式。

（1）单击"开始"按钮，在展开菜单中选择"程序"子菜单，然后在"程序"菜单中选择 Microsoft Visual FoxPro 6.0 命令。

（2）双击 Windows 桌面上的 Visual FoxPro 图标。

（3）打开资源管理器，找到 C:\Program Files\Microsoft Visual FoxPro 6\文件夹中的 vfp6.exe 双击启动。

（4）从"运行"对话框中输入 C:\Program Files\Microsoft Visual Foxpro 6\vfp6.exe 后按 Enter 键，完成启动。

2. Visual FoxPro 的退出方法

（1）选择 Visual FoxPro"文件"菜单中的"退出"命令。

（2）在 Visual FoxPro"命令"窗口中输入命令 QUIT 后按 Enter 键。

（3）单击 Visual FoxPro 主窗口右上角的"关闭"按钮。

（4）在 Visual FoxPro 为活动窗口时，按 Alt+F4 键。

1.1.2 Visual FoxPro 的集成环境

Visual FoxPro 启动后,打开主窗口,如图 1.1 所示。主窗口包括标题栏、菜单栏、工具栏、状态栏、"命令"窗口和主窗口工作区几个组成部分。

图 1.1 Visual FoxPro 窗口

1. 菜单操作

选择菜单中的一个命令,即可执行相应功能。在菜单中有一些特殊符号或提示,表示的意义如表 1.1 所示。

表 1.1 特殊符号或提示表示的意义

符号或提示	意 义	符号或提示	意 义
…	表示将打开一个对话框	Ctrl(Alt)+字母键	该菜单的快捷键
▶	表示下面有子菜单	灰(亮)色菜单	当前菜单不能用(可用)

2. 工具栏

1) 工具栏的泊停与浮动

(1) 泊停:启动 Visual FoxPro 后,系统默认将"常用"工具栏固定停于主窗口顶部。

(2) 浮动:将鼠标指针移动到工具栏左侧(或上侧)按住左键不放,拖动到其他地方放开,这时该工具栏就移动到鼠标指针位置。

2) 选择工具栏的常用方法

在默认情况下,Visual FoxPro 启动时工具栏中只有"常用"工具栏。如要增加或减少工具栏,在"显示"菜单中选择"工具栏"命令,在打开的"工具栏"对话框中选中某工具栏(即将工具栏左侧对应方框打×),选中"显示"区域的复选框可设置按钮的外观,如图 1.2 所示,单击"确定"按钮,观察工具栏的变化。

图 1.2 "工具栏"对话框

3．命令、工作区窗口

【例 1.1】　打开与关闭"命令"窗口。

（1）选择"窗口"菜单中的"命令窗口"命令打开"命令"窗口。

（2）选择"窗口"菜单中的"隐藏"命令关闭"命令"窗口。

【例 1.2】　清除工作区窗口中显示的信息。

打开"命令"窗口，在"命令"窗口中输入并执行 CLEAR 命令，即可清除工作区窗口中的信息。

1.1.3　Visual FoxPro 系统环境设置

选择"工具"菜单中的"选项"命令，打开"选项"对话框，如图 1.3 所示，该对话框中包括一系列设置环境的选项卡。

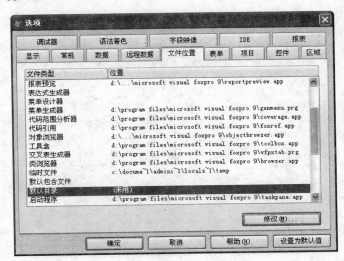

图 1.3　"选项"对话框

1．设置默认文件存放路径

为了方便管理，用户开发系统的时候尽量将项目的文件存放在自己建立的文件夹中。如将一个文件夹设置为默认文件存放路径后，系统所生成的文件都存放在这个文件夹中。同时系统在打开与运行文件时也自动从这个文件夹中寻找文件。

【例 1.3】　设置"E:\教学管理"为默认文件存放路径。

（1）在 D 盘中建立一个文件夹"教学管理"。

（2）在"选项"对话框中选择"文件位置"选项卡，选定"默认目录"选项，如图 1.3 所示。

（3）单击"修改"按钮，打开"更改文件位置"对话框，如图 1.4 所示，选中"使用默认目录"复选框，在文本框中输入"E:\教学管理"将其设为默认路径，或单击"…"按钮，打开"选择目录"对话框，选择"E:\教学管理"目录后，单击"确定"按钮完成目录选择。

（4）单击"确定"按钮，关闭"更改文件位置"对话框。

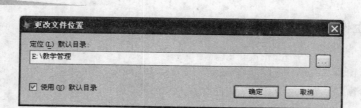

图 1.4　"更改文件位置"对话框

（5）单击"选项"对话框中的"设置为默认值"按钮后，再单击"确定"按钮保存设置。

2. 设置日期和时间的显示格式

【例 1.4】　设置日期和时间的显示格式为"年月日"，同时显示完整年份。

（1）选择"工具"菜单中的"选项"命令，在打开的"选项"对话框中选择"区域"选项卡，如图 1.5 所示。

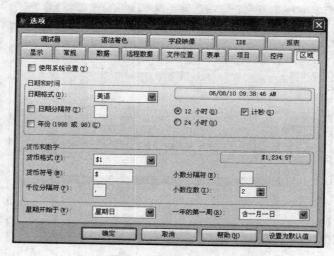

图 1.5　"区域"选项卡

（2）在"日期和时间"区域内选择"日期格式"为"年月日"，选中"年份（1998 或 98）"复选框，如图 1.6 所示，单击"确定"按钮完成。

1.1.4　项目管理器的使用

1. 创建项目

【例 1.5】　使用菜单建立项目。

（1）在 Visual FoxPro 的"文件"菜单中选择"新建"命令，打开"新建"对话框，如图 1.7 所示。

（2）设置文件类型为"项目"，单击"新建"按钮，打开"创建"项目对话框，如图 1.8 所示。选择项目保存的位置和输入项目的文件名后，单击"保存"按钮，打开"项目管理器"对话框，如图 1.9 所示。

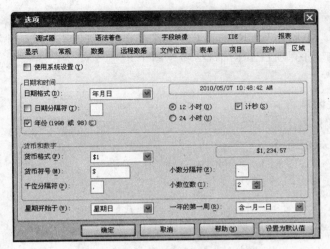

图 1.6 设置日期格式

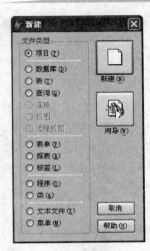

图 1.7 "新建"对话框

图 1.8 "创建"项目对话框

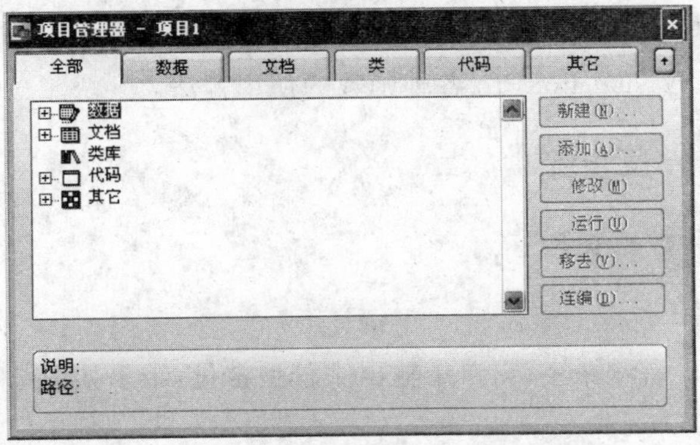

图 1.9 "项目管理器"对话框

【例1.6】 使用命令在"教学管理"文件夹中建立"项目1"。

在"命令"窗口中输入命令"CREATE PROJECT E:\教学管理\项目1"后按Enter键,也可完成项目的建立,打开新建的"项目1"对话框,参见图1.9。

2. 项目关闭

【例1.7】 使用多种方法关闭项目。

(1) 单击"项目管理器"对话框右上角的"×"按钮。

(2) 选择"文件"菜单中的"关闭"命令。

(3) 在"命令"窗口中输入CLOSE ALL命令并按Enter键。

1.2 上机作业

1. 练习Visual FoxPro的启动和退出的各种方法。

2. 熟悉Visual FoxPro主窗口,认识标题栏、菜单栏、工具栏、状态栏、"命令"窗口和主窗口工作区几个组成部分的位置与内容。

3. 定制出自己的工具栏。

4. 对Visual FoxPro系统环境进行设置。

5. 创建以自己姓名命名的项目。

6. 练习使用项目管理器来创建、修改、组织项目中各种文件的方法。

实验2 变量、函数和表达式操作

实验目的

- 理解数据类型的概念。
- 学习和掌握有关Visual FoxPro各种数据的定义。
- 学习常量与变量的定义与使用方法。
- 掌握内存变量的赋值操作。
- 学习和掌握Visual FoxPro的各种运算符及使用方法。
- 学习和掌握Visual FoxPro表达式的使用方法。
- 学习和掌握Visual FoxPro各种函数的使用方法。

2.1 实验内容及步骤

2.1.1 常量和数据类型

1. 字符型

打开"命令"窗口,在"命令"窗口中输出字符型常量,结果如图2.1所示。

```
? 'abc'
? ' visual'
```

```
?  '  Vusual Foxpro  '
?"123"
?"  数据类型练习"
?"  数据成绩+语文成绩"
```

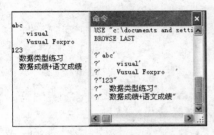

图 2.1 字符型常量输出

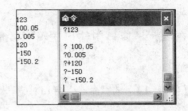

图 2.2 数值型常量输出

2. 数值型

在"命令"窗口中输出数值型常量,结果如图 2.2 所示。

```
?123
?100.05
?0.005
?+120
?-150
?-150.2
```

3. 日期型、日期时间型

在"命令"窗口中输出日期型常量。选择"工具"菜单中的"选项"命令,打开"选项"对话框,选择"区域"选项卡,如图 2.3 所示,将"日期格式"改为"年月日",并选中"日期分隔符"和"年份(1998 或 98)"复选框,设置"日期分隔符"为"一",单击"确定"按钮返回,在"命令"窗口中再次输入日期常量,结果如图 2.4 所示。

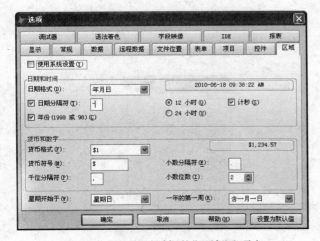

图 2.3 "选项"对话框的"区域"选项卡

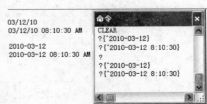

图 2.4 日期、时间型常量输出

```
?{^2010-03-12}
?{^2010-03-12 8:10:30}
?
?{^2010-03-12}
?{^2010-03-12 8:10:30}
```

4. 逻辑型

在"命令"窗口中输出逻辑型常量：

```
?.T.
```

【例 2.1】 在"命令"窗口中输入以下命令，观察屏幕显示结果。

```
?8888
?'Visual Foxpro'
?{^2010-03-12}
?.T.
```

2.1.2 变量和数组

1. 建立内存变量

在"命令"窗口中使用＝与 STORE 命令建立内存变量，以下语句的执行结果如图 2.5 所示。

```
STORE 123 TO n1
STORE 456 TO n2
STORE 789 TO n3
n4=n1+n2+n3
STORE "this is" TO c1
STORE "a example" TO c2
c3=c1+c2
?c1,c2
?c3
?n1,n2,n3,n4
```

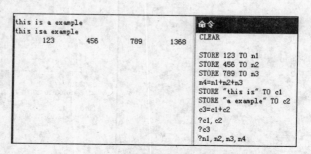

图 2.5　建立内存变量

【例 2.2】 练习＝的使用,并给出语句分析与执行结果。

```
a=123
b='ABC'
c={^2010-03-12}
?a,b,c
```

【例 2.3】 练习使用 STORE 命令为变量赋值,并给出语句分析与执行结果。

```
STORE 123 TO a,b,c
STORE 'VISUAL FOXPRO' TO d
STORE {^2010-03-12} TO 日期
STORE '王强' TO 姓名
STORE '男' TO 性别
??a,b,c
??姓名,性别
?d
```

2. 保存内存变量

在"命令"窗口中使用 SAVE 命令将以上内存变量存入.ncbl. mem 内存变量文件中,如图 2.6 所示。

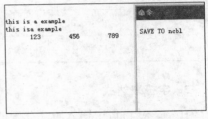

图 2.6　保存内存变量

```
SAVE TO ncbl
```

3. 显示内存变量

在"命令"窗口中使用 RESTORE 命令将内存变量文件 ncbl. mem 中的内存变量恢复并显示出来,如图 2.7 所示。

```
RESTORE FROM ncbl
DISP MEMORY
```

N1		Pub	N	123	(	123.00000000)
N2		Pub	N	456	(	456.00000000)
N3		Pub	N	789	(	789.00000000)
N4		Pub	N	1368	(	1368.00000000)
C1		Pub	C	"this is"		
C2		Pub	C	"a example"		
C3		Pub	C	"this isa example"		

已定义　8个变量,　占用了53个字节

图 2.7　显示内存变量

```
100 TCP/IP .F.
10      10      10
10      10      10
```

```
DIMENSION abc(3),b(2,3)
abc(1)=100
abc(2)="TCP/IP"
abc(3)=.F.
STORE 10 TO b
?abc(1), abc(2), abc(3)
?b(1,1),b(1,2),b(1,3)
?b(2,1),b(2,2),b(2,3)
```

图 2.8　数组变量

4. 数组变量

定义数组 abc 和 b,并使用下列语句对其进行操作,结果如图 2.8 所示。

```
DIMENSION abc(3),b(2,3)
STORE 10 TO b
abc(1)=10
```

```
abc(2)="TCP/IP"
abc(3)=.F.
?abc(1),abc(2),abc(3)
?b(1,1),b(1,2),b(1,3)
?b(2,1),b(2,2),b(2,3)
```

2.1.3 表达式

1. 算术表达式

在"命令"窗口中输入表 2.1 中的示例,并查看结果。

表 2.1　算术运算表达式示例一览表

运算符	示例	结果	运算符	示例	结果
+	?5+8	13	/	?49/7	7
−	?5−25	−20	^或**	?2^4	16
*	?12*4	48	%	?16%3	1

2. 字符表达式

在"命令"窗口中输入表 2.2 中的示例,并查看结果。

表 2.2　字符运算表达式示例一览表

运算符	示　例	结　果
+	?"ABC"+"DEF"	ABC DEF
−	?"ABC"−"DEF"	ABCDEF
$	?"FOX" $ "FOXPro"	.T.

3. 关系表达式

在"命令"窗口中输入表 2.3 中的示例,并查看结果。

表 2.3　关系运算表达式示例一览表

运算符	示　例	结果	运算符	示　例	结果
<	?65<35	.F.	>=	?3*7>=4*7	.F.
<=	?4*6<=24	.T.	=	?"Fox"="Fox"	.T.
>	?56>3*8	.T.	<>#!=	?"ABC"<>"A BC"	.T.

4. 日期或日期时间表达式

在"命令"窗口中输入表 2.4 中的示例,并查看结果。

表 2.4 日期或日期时间表达式示例一览表

运算符	示例	结果
＋	?{^2010-06-26}＋10	07/06/10
	?{^2010-06-26 10:20:20}＋150	06/26/10 10:22:50
—	?{^2010-06-26 }-15	06/11/10
	?{^2010-06-26 }-{^2010-06-10 }	16

5. 逻辑表达式

在"命令"窗口中输入表 2.5 中的示例,并查看结果。

表 2.5 逻辑运算符及表达式一览表

运算符	示例	结果
NOT	?NOT 7>3	.F.
AND	?5 * 9>27 AND 36>16	.T.
OR	?3 * 7>20 OR 25<19	.T.

【例 2.4】 分析如下语句并给出执行结果。

```
DIMENSION a(2)
a(1)='王亮'
a(2)='男'
x1=CTOD('03/27/1983')
?a(1),a(2),x1
?('a'+'bc'<'abc'.OR.3+2-5>=5).AND..NOT..F.
```

2.1.4 函数的使用

1. 数值运算函数

1) 绝对值函数

```
?ABS(-13.5)                    && 执行结果:13.5
?ABS(-27)                      && 执行结果:27
?ABS(5 * 7-4 * 8)              && 执行结果:3
```

2) 指数函数

```
?EXP(2 * 2)                    && 执行结果:54.60
?EXP (1)                       && 执行结果:2.72
```

3) 取整函数

```
?INT(-8.99+3)                  && 执行结果:-5
```

```
? INT (123.75)                    && 执行结果：123
? INT (-27.45)                    && 执行结果：-27
```

4）求自然对数函数

```
? LOG (2.718)                     && 执行结果：1.000
```

5）最大值函数

```
? MAX(5 * 9,80/2)                 && 执行结果：45
```

6）最小值函数

```
? MIN(5 * 9,80/2)                 && 执行结果：40
```

7）平方根函数

```
? SQRT (45 * 5)                   && 执行结果：15
? ROUND (53.6279,2)               && 执行结果：53.63
? SQRT (49)                       && 执行结果：7.00
```

8）四舍五入函数

```
? ROUND (53.6279,2 )              && 执行结果：53.63
? ROUND (53.6279,0)               && 执行结果：54
? ROUND (8375.62,- 2 )            && 执行结果：8400
? ROUND (3.1515,3 )               && 执行结果：3.152
? ROUND (123.45,0 )               && 执行结果：123
? ROUND (123.45,- 1 )             && 执行结果：120
```

9）求余函数（模函数）

```
? MOD (20,3)                      && 执行结果：2
? MOD (20,-3)                     && 执行结果：-1
? MOD (-20,3)                     && 执行结果：1
? MOD (-10,- 3)                   && 执行结果：-1
```

2. 字符处理函数

1）宏代换函数

```
name="王红"
a1="你好!&name"
? a1                              && 执行结果：你好!王红
a="123"
? &a+123                          && 执行结果：246
x1="学生.dbf"
USE &x1                           && 执行结果为打开表文件"学生.dbf"
```

2）字符串长度函数

```
? LEN ("abcdef")                  && 执行结果：6
x="计算机等级考试"
```

```
? LEN(x)                                    && 执行结果：14
? LEN("Visual FoxPro")                      && 执行结果：13
```

3）查找子字符串位置函数

```
? AT("n","Internet",2)                      && 执行结果：6
? AT("ox","FoxPro")                         && 执行结果：2
? AT("IS","THIS IS a BOOK",2)               && 执行结果：6
```

4）空格生成函数

```
? "中国"+SPACE(4)+"北京"                      && 执行结果为：中国    北京
```

5）取子字符串函数

```
? SUBSTR("FoxPRO",2,2)                       && 执行结果：ox
? SUBSTR("ABCDEF",4)                         && 执行结果：DEF
? SUBSTR("面向对象程序设计",9,4)               && 执行结果：程序
? SUBSTR("Microsoft PowerPoint",11,5)        && 执行结果：Power
```

6）取左子串函数

```
? LEFT("FoxPro",3)                          && 执行结果：Fox
? LEFT("程序设计",4)                          && 执行结果：程序
? LEFT("面向对象程序设计",8)                   && 执行结果：面向对象
```

7）取右子串函数

```
? RIGHT("FoxPro",3)                         && 执行结果：Pro
? RIGHT("面向对象程序设计",8)                  && 执行结果：程序设计
```

8）删除空格函数

```
? ALLTRIM("FoxPro      ")                    && 执行结果：FoxPro
? ALLTRIM("     FoxPro")                     && 执行结果：FoxPro
```

3．转换函数

1）大写转换成小写函数

```
? LOWER("FoxPro")                           && 执行结果：foxpro
```

2）小写转换成大写函数

```
? UPPER("FoxPro")                           && 执行结果：FOXPRO
```

3）字符串转换成日期型函数

```
? CTOD("06/01/10")                          && 执行结果：06/01/10
```

4）日期型转换成字符串函数

```
x=CTOD("06/01/10")
? DTOC(x)                                    && 执行结果：06/01/10
```

```
?DTOC(x,1)                          && 执行结果：20100601
```

5）数值型转换成字符串函数

```
?STR(123.4567)                      && 执行结果：123
?"X="+STR(15.27,5,2)                && 执行结果：X=15.27
```

6）字符串转换成数值型函数

```
?VAL("A18")                         && 执行结果：0.00
?VAL("18A18")                       && 执行结果：18.00
y=VAL("143.1592")
?STR(y,8,4)                         && 执行结果：143.1592
```

7）字符转换成 ASCII 码函数

```
?ASC("A"),ASC("FoxPro")             && 执行结果：65    70
```

8）ASCII 码转换成字符函数

```
?CHR(66),CHR(97),CHR(70)            && 执行结果：B a F
```

4. 日期函数

1）系统当前日期函数

假设系统的当前日期为 06/20/10。

```
?DATE()                             && 执行结果为：06/20/10
```

2）系统当前时间函数

假设系统的当前时间为 22 点 15 分 30 秒。

```
?TIME()                             && 执行结果为：22:15:30
```

3）年函数

假设系统的当前年份为 2010 年。

```
?YEAR(DATE())                       && 执行结果为：2010
```

4）月函数

假设系统的当前月份为 6 月。

```
?MONTH(DATE())                      && 执行结果为：6
```

5）日函数

假设系统的当前日期为 06/20/10。

```
?DAY(DATE())                        && 执行结果为：20
```

6）星期函数

假设系统的当前日期为 06/20/10。

```
?DOW(DATE()),CDOW(DATE()+2)         && 执行结果为：1 星期二
```

5. 测试函数

1）测试表达式类型函数

```
x="3.14159"
?TYPE("x")                          && 执行结果为：C
```

2）IIF 函数

```
x=20
y=30
?IIF(x>y,x>0,100+y)                 && 执行结果为：130
?IIF (x<y,x>0,100+y)                && 执行结果为：.T.
```

【**例 2.5**】 将"2010-6-11"字符串转换成日期格式，删除"　　　Visual FoxPro　　　"字符串的前后空格符，将 100.66 取整。

```
?CTOD("2010-6-11")  && 执行结果为(需要设定日期格式为"年月日"分隔符为"-")：2010-6-11
?ALLTRIM("   Visual FoxPro   ")          && 执行结果为：Visual FoxPro
?INT(100.66)                             && 执行结果为：100
```

2.2　上机作业

1. 对例 2.7、例 2.8、例 2.9、例 2.10、例 2.11、例 2.12、例 2.13、例 2.14 进行实例验证。
2. 写出表 2.6 中常用函数示例的执行结果。

表 2.6　常用函数示例的执行结果

常 用 函 数	示　例	执行结果
ABS( )求绝对值函数	?ABS(−12.34)	
MAX( )求最大数函数	?MAX(4.5,5.6)	
INT( )取整函数	?INT(34.56)	
SQRT( )求平方根函数	?SQRT(ABS(−4))	
ROUND( )四舍五入函数	?ROUND(12.36,−1)	
LOWER( )字符串转换成小写函数	?LOWER('HeLLo')	

3. 执行如下语句，记录结果。

（1）

```
x=86.12
?INT(x),INT(-x),CEILING(x),CEILING(-x),FLOOR(x),FLOOR(-x)
```

（2）

```
?MOD(25,7),MOD(25,-7),MOD(-25,7),MOD(-25,-7)
```

（3）

```
x=521
```

```
x1=INT(x/100)
x2=INT(MOD(x,100)/10)
x3=MOD(x,10)
?x1+10*x2+100*x3
```

(4)

```
?ROUND(3.1415*3,2),ROUND(156.78,-1)
```

(5)

```
?MAX({^2003-08-16},{^2002-08-16}),MIN("助教","讲师","副教授","教授")
```

(6)

```
i="1"
j="2"
x12="Good"
Good=MAX(96/01/02,65/05/01)
?x&i.&j,&x12
```

(7)

```
xm="李小四"
?AT("李",xm),AT("PRO","Visual FoxPro"),ATC("PRO","Visual FoxPro")
```

(8)

```
ch1="M"
ch2=CHR(ASC(ch1)+ASC("a")-ASC("A"))
?ch2
```

(9)

```
x=1234.587
?STR(x,10,2),STR(x,10,4),STR(x,7,2),STR(x,7),STR(x,3),STR(x)
```

(10)

```
a=DATE()
a=NULL
?VARTYPE(3.46),VARTYPE($385),VARTYPE([FoxPro]),VARTYPE(a,.T.),VARTYPE(a)
```

实验 3　表 的 设 计 与 操 作

实验目的

- 学习并掌握有关表结构创建的各种方法。
- 熟练掌握修改与编辑表的各种命令。
- 了解记录指针定位的含义及定位的方法。

- 掌握记录的排序与索引操作。
- 掌握数值字段的纵向求和与求平均值,SUM 和 AVERAGE 命令的使用方法。
- 掌握符合给定条件的记录数的统计,COUNT 命令的使用,同类数据的汇总(分类求和)。
- 了解多个数据表操作的相关概念,包括工作区的概念和使用规则;工作区的选择; 表的别名。
- 熟悉各数据表之间的关系,包括关系的建立、关系的删除、关系的编辑。
- 掌握多个数据表文件的逻辑关联操作。

3.1　实验内容及步骤

3.1.1　数据表文件的建立

1. 自由表的建立

【例 3.1】　使用菜单创建"学生"表。

打开项目管理器,选择"数据"选项卡,选择"自由表"选项,单击"新建"按钮,在打开的 "新建表"对话框中,单击"新建表"按钮,打开"创建"对话框,如图 3.1 所示。在"输入表 名"下拉列表框中输入"学生",单击"保存"按钮。打开"表设计器"对话框,如图 3.2 所示。

图 3.1　"创建"对话框

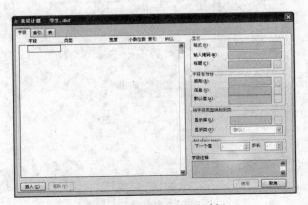

图 3.2　"表设计器"对话框

【例3.2】 使用命令创建"学生"表。

在"命令"窗口中输入命令：CREATE 学生.dbf，打开"表设计器"对话框，如图3.2所示。

【例3.3】 在"表设计器"中设计"学生"表。

（1）打开"表设计器"对话框，选择"字段"选项卡，在"字段"列中输入字段名"学号"，在"类型"列中选择字段类型"字符型"，在"宽度"列中设置以字符为单位的列宽为10。在"索引"列中设置排序方式为升序，如图3.3所示。

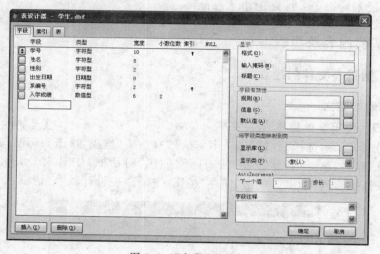

图3.3 "字段"选项卡

（2）重复（1）的操作，建立"姓名"、"性别"、"出生日期"、"系编号"和"入学成绩"字段，使字段的宽度足够容纳将要显示的信息内容。对于"入学成绩"字段要在"小数位数"列中设置小数位数为2，如图3.3所示。

（3）在字段创建完成后，单击"确定"按钮，完成表结构的建立。

【例3.4】 使用表向导完成"学生2.dbf"的建立。

（1）打开项目管理器，选择"数据"选项卡，选择"自由表"选项，单击"新建"按钮，打开"新建表"对话框。单击"表向导"按钮，打开"表向导"对话框，如图3.4所示。

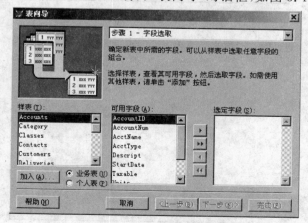

图3.4 "表向导"对话框

（2）单击"加入"按钮，在"打开"对话框中选择"学生.dbf"文件，如图 3.5 所示，单击
Add 按钮，返回"步骤 1-字段选取"对话框。

图 3.5　"打开"对话框

（3）选择"样表"列表框中的"学生"表。将"可用字段"列表框中列出的样表中的字段
添加到"选定字段"列表框中。

（4）单击"下一步"按钮，在"步骤 1a-选择数据库"对话框中，选中"创建独立的自由
表"单选按钮，如图 3.6 所示。

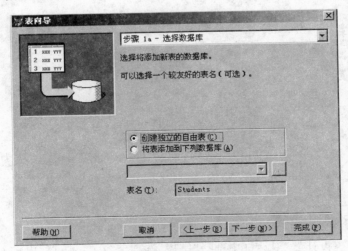

图 3.6　"步骤 1a-选择数据库"对话框

（5）单击"下一步"按钮，在"步骤 2-修改字段设置"对话框中可以修改已经选定字段
的名称、类型、宽度等属性，如图 3.7 所示。

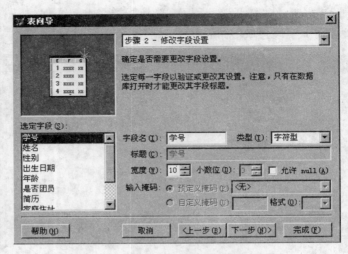

图 3.7 "步骤 2-修改字段设置"对话框

(6) 单击"下一步"按钮,再单击"完成"按钮,保存创建的表。

2. 表结构显示与修改

【例 3.5】 在当前工作区打开"学生"表,显示表结构,在"命令"窗口中输入如下命令:

```
USE 学生
LIST STRUCTURE
```

结果如图 3.8 所示。

```
表结构:                   H:\教学管理\学生.DBF
数据记录数:               12
最近更新的时间:           05/06/10
代码页:                   936
  字段  字段名            类型               宽度   小数位   索引   排序      Nulls
   1    学号             字符型              10            升序   PINYIN     否
   2    姓名             字符型               8                              否
   3    性别             字符型               2                              否
   4    出生日期         日期型               8                              否
   5    系编号           字符型               2                              否
   6    入学成绩         数值型               6     2                        否
** 总计 **                                   37
```

图 3.8 "学生"表结构

【例 3.6】 修改"学生 2.dbf"表结构,增加"个人简历"字段,类型为"备注型",增加"照片"字段,类型为"通用型",在"命令"窗口中输入如下命令:

```
USE 学生
MODIFY STRUCTURE
```

在打开的"表设计器"对话框中选择"字段"选项卡,在"字段"列中输入"个人简历",设置类型为"备注型",在新增字段中输入"照片",设置类型为"通用型",如图 3.9 所示。

单击"确定"按钮完成修改。

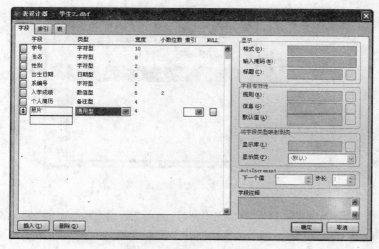

图 3.9　"表设计器"对话框

3.1.2　数据项的添加和查看

1. 数据项的追加

1）立即追加数据

当数据表结构建立后,在弹出的"现在输入数据记录吗?"系统提示对话框中,单击"是"按钮,在打开的记录编辑窗口中输入数据,如图 3.10 所示。

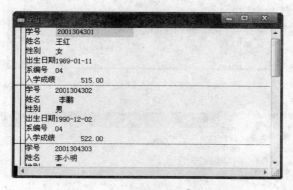

图 3.10　记录编辑窗口

2）直接追加数据

在"命令"窗口输入命令 APPEND BLANK,在打开的记录编辑窗口中输入数据,参见图 3.10。

3）备注型与通用型字段数据的输入

打开表"学生 2.dbf",为学生"王红"输入"个人简历"与"照片"。在"命令"窗口中输入 BROW 并按 Enter 键,打开浏览窗口,选中学生"王红"的"个人简历"字段,双击或按 Ctrl+PgDn 键打开"学生 2:个人简历"编辑窗口,如图 3.11 所示。在窗口中输入信息后,单击右上角的"关闭"按钮返回到浏览窗口。

图 3.11 "学生 2:个人简历"编辑窗口

　　双击"照片"字段,打开"学生 2:照片"窗口,选择"编辑"菜单中的"插入对象"命令,在打开的"插入对象"对话框中选中"由文件创建"单选按钮,如图 3.12 所示,单击"浏览"按钮,在打开的"浏览"对话框中选择学生"王红"的照片,如图 3.13 所示,单击"打开"按钮返回"插入对象"对话框,单击"确定"按钮插入照片,单击"学生 2:照片"窗口右上角的"关闭"按钮返回到浏览窗口。

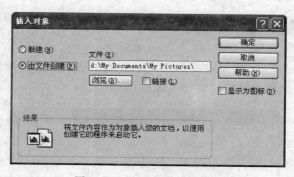

图 3.12 "插入对象"对话框

图 3.13 选择照片

2. 数据表的打开与查看

【例 3.7】　以独占方式打开"学生"表。

在"文件"菜单中选择"打开"命令,在打开的对话框中选择"表(＊.dbf)"文件类型,选择要打开的"学生.dbf"文件,同时设置打开方式为"以独占方式打开",如图 3.14 所示,单击"确定"按钮。

图 3.14　"打开"对话框

【例 3.8】　显示"学生"表的记录。

在"显示"菜单中选择"浏览'学生(教学管理! 学生)'"命令,打开对应表的数据项显示窗口,如图 3.15 所示。

学号	姓名	性别	出生日期	系编号	入学成绩
2001304301	王红	女	1989-01-11	04	515.00
2001304302	李鹏	男	1990-12-02	04	522.00
2001304303	李小明	男	1988-08-24	04	548.00
2001304304	金叶	女	1989-12-08	04	509.00
2001304305	张大军	男	1989-09-12	04	550.00
2001304306	沈梅	女	1990-03-24	04	520.00
2001306301	王小强	男	1990-07-11	06	517.00
2001306302	刘志明	男	1988-05-16	06	546.00
2001306303	董海燕	女	1988-10-18	06	530.00
2001306304	郑亮	男	1989-03-18	06	505.00
2001306305	王铁梅	女	1989-03-22	06	521.00
2001306306	苏凤鸣	男	1991-04-09	06	510.00

图 3.15　数据项显示窗口

3.1.3 数据表文件的修改和编辑

1. 记录指针的定位

【例3.9】 使用绝对定位命令 GO、SKIP 进行记录指针的定位。运行如下命令,记录分析结果。

```
SELECT 1
USE 学生
GOTO BOTTOM
DISP
SKIP
?RECNO( ),EOF( )
GO TOP
DISP
SKIP-1
?RECNO( ),EOF( )
```

2. 数据的修改

(1) 记录的修改。在"命令"窗口中输入 BROW 命令,在浏览窗口中修改错误数据,如将"王红"的入学成绩改为 530,选中"王红"的"入学成绩"字段,直接更改数据515 为 530。

(2) 做删除标记。在浏览窗口中,单击"李鹏"记录的删除标记块,删除标记块反显,该记录被逻辑删除。

(3) 取消删除标记。单击"李鹏"记录的删除标记块,取消删除标记,该记录被恢复。

(4) 彻底删除。在"命令"窗口中输入 PACK 命令,已做逻辑删除标记的"金叶"被物理删除。

(5) 记录的替换。

【例3.10】 对如下程序进行分析并给出运行结果。

```
SELECT 1
USE 学生
BROWSE FIELDS 学号,姓名,系编号 FREEZE 学号
INSERT INTO 学生(学号,姓名)VALUES ("2001304301","王红")
DELETE FOR RECNO()<13
PACK
LIST
SELECT 2
```

自己编写命令完成记录数据的修改与替换,并给出运行结果。

3.1.4 数据表的排序和索引

1. 记录的排序

【例3.11】 将"学生.dbf"中的记录按"学号"的降序排序,生成一个新的数据表"学

生 3. dbf"。

```
SELECT 1
USE 学生
LIST
SORT TO 学生 3 ON 学号/D
SELECT 2
USE 学生 3
LIST
```

观察两表中的数据记录的变化。

【例 3.12】　将"学生. dbf"中所有学生的记录按照"入学成绩"从高到低,且先女后男的顺序排序后,生成数据表"学生 4. dbf"。

```
SELECT 1
USE 学生
LIST
SORT TO 学生 4 ON 入学成绩/D,性别/D
SELECT 2
USE 学生 4
LIST
```

观察两表中数据记录的变化。

【例 3.13】　将"学生"表中的男生记录按"出生日期"进行降序排列,"出生日期"相同的按"学号"升序排列。排列后产生的新表名为 MAN,新表中要求只包括"学号"、"姓名"、"性别"、"出生日期"4 个字段。

```
USE 学生
SORT TO MAN ON 出生日期/D,学号 FIELDS 学号,姓名,性别,出生日期 FOR 性别='男'
USE MAN
BROWSE
```

显示结果如图 3.16 所示。

学号	姓名	性别	出生日期
2001306306	苏凤鸣	男	1991-04-09
2001304302	李鹏	男	1990-12-02
2001306301	王小强	男	1990-07-11
2001304305	张大军	男	1989-09-12
2001306304	郑亮	男	1989-03-18
2001304303	李小明	男	1988-08-24
2001306302	刘志明	男	1988-05-16

图 3.16　显示结果窗口

2. 索引的建立

【例3.14】　将"学生.dbf"表中的记录按照"学号"升序建立索引文件 a1.idx。

```
SELECT 1
USE 学生
INDEX ON 学号 TO a1
LIST
```

【例3.15】　将"课程.dbf"表中的记录按照"课程编号"降序建立索引文件 a2.idx。

```
SELECT 2
USE 课程
INDEX ON -课程编号 TO a2
LIST
```

【例3.16】　将"学生.dbf"表中的记录按"学号"和"入学成绩"升序建立索引文件 a3.idx。

```
SELECT 1
USE 学生
INDEX ON 学号+STR(入学成绩,3,0) TO a3
LIST
```

【例3.17】　将"学生.dbf"表中的记录按"入学成绩"升序建立索引文件 a4.idx,相同成绩的记录只取一条。

```
SELECT 1
USE 学生
INDEX ON 入学成绩 TO a4 UNIQUE
LIST
```

【例3.18】　将"学生.dbf"表中的记录按照"性别"升序索引后,生成"学生.cdx"文件中的一个索引项,其索引标识命名为"性别"。

(1) 命令行方式。

```
SELECT 1
USE 学生
INDEX ON 性别 TAG 性别
LIST
```

(2) 菜单执行方式。

① 选择"文件"菜单中的"打开"命令,打开"打开"对话框,如图 3.17 所示。

② 在对话框的"查找范围"下拉列表框中选择适当的存储路径,在"文件类型"下拉列表框中选择"表"选项,"以独占方式打开"复选框处于被选中状态,然后双击"学生.dbf"文件,打开该表。

③ 选择"显示"菜单中的"表设计器"命令,打开"表设计器"对话框,如图 3.18 所示。

图 3.17　"打开"对话框

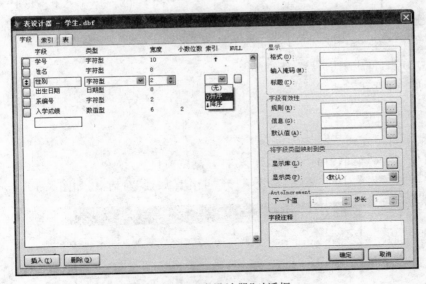

图 3.18　"表设计器"对话框

④ 在对话框的"字段"选项卡中,在"性别"字段的"索引"下拉列表框中选择"↑升序"选项。

⑤ 单击"确定"按钮,并在询问"是否永久性地更改表结构?"的对话框中单击"是"按钮。

【例 3.19】 将"学生.dbf"中的记录按照"入学成绩"降序排序后,生成"学生.cdx"中的一个索引项,其索引标识命名为"入学成绩"。

(1) 命令行方式。

INDEX ON 入学成绩 DESC TAG 入学成绩

（2）菜单执行方式。

① 选择"文件"菜单中的"打开"命令,打开"打开"对话框。

② 在对话框的"查找范围"下拉列表框中选择适当的存储路径,在"文件类型"下拉列表框中选择"表"选项,"以独占方式打开"复选框处于被选中状态,然后双击"学生.dbf"文件,打开该表。

③ 选择"显示"菜单中的"表设计器"命令,打开"表设计器"对话框。

④ 在对话框的"字段"选项卡中,在"入学成绩"字段的"索引"下拉列表框中选择"↓降序"选项。

⑤ 单击"确定"按钮,并在询问"是否永久性地更改表结构?"的对话框中单击"是"按钮。

3. 索引文件的打开与关闭

结构化复合索引文件(.cdx)在表使用时被打开并被更新,独立文件(.idx)必须由人工来打开。

【例3.20】 打开"学生.dbf"文件,同时打开"a1.idx"、"a2.idx"索引文件。

```
SELECT 1
USE 学生 INDEX a1,a2,a3
```

【例3.21】 将主索引设置为 a3.idx。

（1）命令行方式。

```
SET ORDER TO a3
```

（2）菜单执行方式。

① 选择"显示"菜单中的"浏览"命令,打开浏览窗口。

② 选择"表"菜单中的"属性"命令,打开"工作区属性"对话框,如图3.19所示。

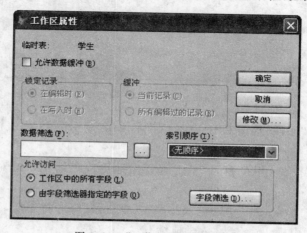

图 3.19 "工作区属性"对话框

③ 在对话框的"索引顺序"下拉列表框中选择 a3 选项,然后单击"确定"按钮。

【例 3.22】　忽略主索引。

（1）命令行方式。

```
SET ORDER TO
```

（2）菜单执行方式。

① 选择"显示"菜单中的"浏览"命令,打开浏览窗口。

② 选择"表"菜单中的"属性"命令,打开"工作区属性"对话框。

③ 在对话框的"索引顺序"下拉列表框中选择"＜无顺序＞"选项,然后单击"确定"按钮。

【例 3.23】　关闭"学生.dbf"数据表的所有索引文件。

```
CLOSE INDEX
```

4. 表记录的查找

【例 3.24】　用 LOCATE、CONTINUE 命令按记录的物理顺序查找女学生的记录。

```
LOCATE FOR 性别="女"
DISPLAY                       && 显示第 1 条记录
CONTINUE                      && 继续查找
DISPLAY                       && 显示第 4 条记录
CONTINUE                      && 继续查找
DISPLAY                       && 显示第 6 条记录
CONTINUE                      && 继续查找
DISPLAY                       && 显示第 9 条记录
CONTINUE
? EOF()                       && 显示 .T. 表示记录指针指向表结束标志
? FOUND()                     && 显示 .F. 表示没有找到记录
```

提示：如果找到符合条件的记录,FOUND()函数将返回.T.,否则将返回.F.。

【例 3.25】　用 FIND 和 SEEK 命令按记录的索引顺序查找姓名为"王小强"的学生记录,并测试查找结果,如果找到,则显示其记录内容。

```
INDEX ON 姓名 TO xm
SEEK "王小强"
? FOUND()
DISPLAY
```

【例 3.26】　查找 1988 年出生的学生记录,并测试查找结果,如果找到,则将该条记录加上逻辑删除标记。

```
INDEX ON year(出生日期) TO CSRQ
SEEK 1988
? FOUND()
DELETE
```

5. 索引标记的删除

【例 3.27】 删除索引标记"入学成绩"。

```
USE 学生
DELETE TAG 入学成绩
```

3.1.5 数据表中数值字段的统计

1. 记录统计

【例 3.28】 统计"学生.dbf"表中"入学成绩"大于 530 分的人数。

```
USE 学生
COUNT FOR 入学成绩>530
```

【例 3.29】 统计"学生.dbf"中学生的总人数,并将统计结果存入内存变量 a1 中。

```
COUNT TO a1
```

【例 3.30】 统计所有女学生的平均入学成绩。

```
AVERAGE 入学成绩 FOR 性别="女"
```

2. 汇总

【例 3.31】 汇总所有男学生的"入学成绩"总和,并将统计结果存入内存变量 a2 中。

```
SUM 入学成绩 FOR 性别="男" TO a2
```

【例 3.32】 按"性别"分类,汇总所有女学生的"入学成绩"总和,并将汇总结果保存为 a3.dbf 文件。

```
INDEX ON 性别 TO a1
TOTAL ON 性别 TO a3 FIELDS 入学成绩 FOR 性别="女"
```

3.1.6 多表操作

1. 工作区的使用

在一个工作区内同时只能打开一个表文件,系统默认使用第一个工作区。

【例 3.33】 选择工作区,打开表"学生.dbf"与表"教师.dbf"。

```
SELECT 1
USE 学生
SELECT 2
USE 教师
```

2. 创建多表间的关联

关联是指在两个表文件的记录指针之间建立一种临时关系,当一个表的记录指针移动时,与之关联的另一个表的记录指针也做相应的移动。创建表间的关联使用命令 SET

RELATION TO。

【例 3.34】 将表"学生.dbf"、"课程.dbf"与"选课.dbf"进行关联。

```
SELECT 1
USE 学生
INDEX ON 学号 TAG xh
SELECT 2
USE 课程
INDEX ON 课程编号 TAG kch
SELECT 3
USE 选课
INDEX ON 学号 TAG xhh
SET RELATION TO 学号 INTO A
SET RELATION TO 课程编号 INTO B ADDITIVE
DISPLAY ALL FIELDS A.姓名,B.课程名称,成绩 OFF
```

【例 3.35】 取消表间的关联。

```
SET RELATION TO
```

3. 多表联接

表之间的联接称为物理联接,就是将两个表的相关字段组合起来,构成一个新的表,使用命令 JOIN WITH。

【例 3.36】 将表"学生.dbf"与"选课.dbf"进行联接。

```
SELECT 1
USE 学生
SELECT 2
USE 选课
JOIN WITH A TO xs_cj FOR 学号=A.学号 FIELDS A.学号,A.姓名,课程编号,成绩
SELECT 3
USE xs_cj
LIST
```

3.2 上机作业

1. 将"学生.dbf"表中的记录按"学号"降序排序,生成一个新的数据表 a1.dbf。

2. 将"学生.dbf"表中所有学生的记录按照出生日期从大到小,且先女后男的顺序,生成 a2.dbf 文件。

3. 将"学生.dbf"中的记录按"入学成绩"和"出生日期"降序排序,生成一个新的数据表 a3.dbf。

4. 将"学生.dbf"中所有入学成绩大于 510 的男学生记录按"入学成绩"升序排序后,生成 a4.dbf,其中只包含原"学号"、"姓名"、"出生日期"及"入学成绩"字段的信息。

5. 查找姓名为"刘志明"的学生记录,并测试查找结果,如果找到,则显示其记录内容。

6. 查找 1989 年以后出生的学生记录,并测试查找结果,如果找到,则将该条记录加上逻辑删除标记,并继续查找符合条件的记录。

7. 将"学生.dbf"表中的记录按照"出生日期"升序排序后,生成 a1.idx 文件。

8. 将"学生.dbf"表中的记录按照"入学成绩"排序后,生成 a2.idx 文件。

9. 将"学生.dbf"表中的记录按照"系编号"排序后,每个系编号的记录只取一条,生成 a3.idx 文件。

10. 将"学生.dbf"表中的记录按照"学号"和"入学成绩"升序排序后,生成 a4.idx 文件。

11. 将"学生.dbf"表中的记录先按照先男后女,再按年龄从大到小,生成一个索引文件 a5.idx。

12. 将"学生.dbf"表中的记录按照"性别"排序后,生成"学生.cdx"文件中的一个索引项,其索引标识命名为"性别"。

13. 将"学生.dbf"表中的记录按照"出生日期"降序排序后,生成"学生.cdx"文件中的一个索引项,将其标识命名为"年龄"。

14. 将"学生.dbf"表中的记录按照"系编号"和"性别"排序后,生成"学生.cdx"中的一个索引项,将其标识命名为"系-性别"。

15. 将"学生.dbf"表中所有女学生的记录按照"入学成绩"降序排序后,生成 a6.cdx 文件中的一个索引项,将其标识命名为 abc。

16. 打开"学生.dbf"表,同时打开 a1.idx、a2.idx 和 a3.idx 索引文件。将主索引设置为 a3.idx。

17. 打开 a6.cdx 索引文件,同时将其索引标识 abc 设定为主索引项。

18. 关闭学生数据表的所有索引文件。

19. 统计"学生.dbf"表中入学成绩大于 550 的人数。

20. 统计"学生.dbf"表中女学生的人数,并将统计结果存入内存变量 a1 中。

21. 统计所有女学生的平均入学成绩。

22. 汇总所有男学生的入学成绩总和,并将统计结果存入内存变量 a2 中。

23. 在不改变主工作区的情况下将另一工作区中表的记录指针调整到最后一条记录。

24. 通过关联,把"学生.dbf"、"教师.dbf"、"课程.dbf"、"选课.dbf"中记录的"姓名"、"性别"、"入学成绩"、"课程名称"、"教师"的信息显示出来。

25. 在表"学生.dbf"与"选课.dbf"之间建立永久关联。

实验 4　SQL 数据定义与数据操纵

实验目的

- 掌握使用 SQL 语句创建、删除和修改表的方法。
- 掌握使用 SQL 语句插入、删除和更新表记录的方法。
- 掌握使用 SQL 语句进行查询的各种方法。

4.1 实验内容及步骤

4.1.1 用 SQL 语句建立"教学管理"数据库

1. 设计表结构

"学生"表、"教师"表、"课程"表、"选课"表和"系"表的结构分别如表 4.1 至表 4.5 所示。

表 4.1 "学生"表的结构

字 段 名	类型	类型代码	宽度	小数位	索引	NULL 值
学号	字符型	C	10		↑（主）	
姓名	字符型	C	8			
性别	字符型	C	2			
出生日期	日期型	D	8			
系编号	字符型	C	2			

表 4.2 "教师"表的结构

字段名	类型	类型代码	宽度	小数位	索引	NULL 值
教师编号	字符型	C	4		↑（主）	
姓名	字符型	C	8			
系编号	字符型	C	2			

表 4.3 "课程"表的结构

字段名	类型	类型代码	宽度	小数位	索引	NULL 值
课程编号	字符型	C	3		↑（主）	
课程名称	字符型	C	20			
教师编号	字符型	C	4			
学分	数值型	N	2			

表 4.4 "选课"表的结构

字段名	类型	类型代码	宽度	小数位	索引	NULL 值
学号	字符型	C	10		↑（普通）	
课程编号	字符型	C	3		↑（普通）	
成绩	数值型	N	3			

表 4.5 "系"表的结构

字段名	类型	类型代码	宽度	小数位	索引	NULL 值
系编号	字符型	C	2		↑（主）	
系名	字符型	C	20			

2. 定义数据库文件

在 E 盘根目录下建立"教学管理"文件夹，打开 Visual FoxPro，在"命令"窗口中输入命令"SET DEFAULT TO E:\教学管理"，设置默认路径为"E:\教学管理"。

输入命令"CREATE DATABASE 教学管理.dbc"后运行，创建"教学管理"数据库，如图 4.1 所示。

图 4.1 建立"教学管理"数据库

3. 建立数据库中的各表

依次输入以下命令，并且每输入一条命令后就按 Enter 键执行：

```
OPEN DATABASE 教学管理.dbc          && 打开数据库
MODIFY DATABASE                      && 打开数据库设计器
```

在数据库"教学管理"中建立 5 张基本表：学生、课程、选课、教师、系。

（1）创建"学生"表。

```
CREATE TABLE 学生
(学号 C(10) PRIMARY KEY,
姓名 C(8),
性别 C(2),
出生日期 D,
系编号 C(2) )
```

（2）创建"教师"表。

```
CREATE TABLE 教师
(教师编号 C(4) PRIMARY KEY,
教师姓名 C(8),
系编号 C(2))
```

（3）创建"课程"表。

```
CREATE TABLE 课程
(课程编号 C(3) PRIMARY KEY,
课程名称 C(20),
教师编号 C(4),
学分 INT)
```

（4）创建"选课"表。

```
CREATE TABLE 选课
(学号 C(10),
课程编号 C(3),
成绩 INT)
```

（5）创建"系"表。

```
CREATE TABLE 系
(系编号 C(2) PRIMARY KEY,
系名 C(20))
```

执行上述命令后，即可在数据库设计器中看到"学生"表、"教师"表、"课程"表、"选课"表、"系"表。其中，"学生"表中的"学号"字段为主索引，"教师"表中的"教师编号"字段为主索引，"课程"表中的"课程编号"字段为主索引，"系"表中的"系编号"字段为主索引。对"选课"表中的"学号"字段与"课程编号"字段分别建立普通索引。"学生"表通过"系编号"字段与"系"表联系，"教师"表通过"系编号"字段与"系"表联系，"课程"表通过"教师编号"字段与"教师"表联系，"选课"表通过"学号"字段与"学生"表联系，"选课"表通过"课程编号"字段与"课程"表联系。

4. 修改数据库各表的结构

（1）设置"课程"表中的"教师号"为外码，参照"教师表"中"教师号"字段。

```
ALTER TABLE 课程表
ADD FOREIGN KEY TAG 教师号 REFERENCES 教师表 (教师号)
```

（2）设置"选课"表中的"学号"为外码，参照"学生"表中"学号"字段。

```
ALTER TABLE 选课 ADD FOREIGN KEY 学号 TAG 学号 REFERENCES 学生 (学号)
```

（3）修改"学生"表。

```
ALTER TABLE 学生 ADD COLUMN 爱好 C(12)              && 添加字段
ALTER TABLE 学生 RENAME COLUMN 爱好 TO 特长          && 重命名字段
ALTER TABLE 学生 DROP COLUMN 特长                   && 删除字段
```

（4）为"学生"表中的"性别"字段设置域限制。

```
ALTER TABLE 学生 ALTER COLUMN 性别 SET CHECK 性别="男" OR 性别="女"
```

在数据库设计器中可以看到如图 4.2 所示的"教学管理"数据库的表结构。

5. 删除基本表

（1）在所有操作结束后删除"学生"表。

```
DROP TABLE 学生
```

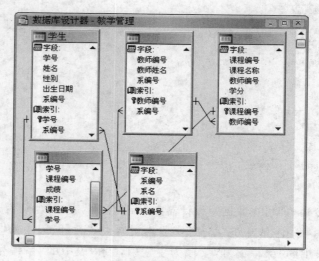

图 4.2 "教学管理"数据库的表结构

（2）在所有操作结束后删除"教师"表。

DROP TABLE 教师

（3）在所有操作结束后删除"课程"表。

DROP TABLE 课程

（4）在所有操作结束后删除"选课"表。

DROP TABLE 选课

（5）在所有操作结束后删除"系"表。

DROP TABLE 系

4.1.2 索引操作

1. 建立索引

（1）在"学生"表上建立关于属性"学号"的唯一索引。

CREATE UNIQUE INDEX stusno ON 学生 (学号)

（2）在"课程"表上建立关于属性"课程号"的唯一索引。

CREATE UNIQUE INDEX coucno ON 课程 (课程号)

2. 删除索引

（1）删除"学生"表上的索引 stusno。

DROP INDEX stusno

（2）删除"课程"表上的索引 coucno。

```
DROP INDEX coucno
```

4.1.3　用 SQL 语句对"教学管理"数据库进行数据操纵

利用 SQL 中的数据操纵语句可以完成基本的数据操作，包括插入、更新和删除等操作。

利用 4.1.1 节所建立的"教学管理"数据库中的各表，用 SQL 语句完成以下的操作。

1. 插入数据

（1）向"学生"表中插入下列数据：

```
2001304301,王红,女,01/11/89,04
2001304302,李鹏,男,12/02/90,04
2001304303,李小明,男，08/24/90,04
2001304304,金叶,女,12/08/88,04
2001304305,张大军,男，09/12/89,04
INSERT INTO 学生 VALUES ("2001304301","王红","女",{^1989-01-11},"04");
INSERT INTO 学生 VALUES("2001304302"," 李鹏","男",{^1990-12-02},"04");
INSERT INTO 学生 VALUES ("2001304303","李小明","男",{^1990-08-24},"04");
INSERT INTO 学生 VALUES ("2001304304","金叶","女",{^1988-12-08},"04");
INSERT INTO 学生 VALUES ("2001304305","张大军","男",{^1989-09-12},"04");
```

（2）向"教师"表中插入下列数据：

```
0101,张力,04
0102,王倩,04
0103,赵名华,04
0104,李峰,06
INSERT INTO 教师 VALUES ("0101","张力","04");
INSERT INTO 教师 VALUES ("0102","王倩","04");
INSERT INTO 教师 VALUES ("0103","赵名华","04");
INSERT INTO 教师 VALUES ("0104","李峰","06");
```

（3）向"课程"表中插入下列数据：

```
1,数据结构,0101,4
2,数据库,0102,4
3,离散数学,0103,4
4,C语言程序设计,0101,2
INSERT INTO 课程 VALUES ("1","数据结构","0101",4);
INSERT INTO 课程 VALUES ("2","数据库","0102",4);
INSERT INTO 课程 VALUES ("3","离散数学","0103",4);
INSERT INTO 课程 VALUES("4","C语言程序设计","0101",2);
```

（4）向"选课"表中插入下列数据：

```
0100901001,1,80
0100901001,2,85
0100901001,3,69
0100901002,1,78
0100901002,2,90
0100901002,3,70
0100901003,1,66
0100901003,2,89
0100901003,3,85
INSERT INTO 选课 VALUES ("2001304301","1",80);
INSERT INTO 选课 VALUES ("2001304301","2",85);
INSERT INTO 选课 VALUES("2001304301","3",69);
INSERT INTO 选课 VALUES("2001304302","1",78);
INSERT INTO 选课 VALUES("2001304302","2",90);
INSERT INTO 选课 VALUES("2001304302","3",70);
INSERT INTO 选课 VALUES("2001304303","1",66);
INSERT INTO 选课 VALUES("2001304303","2",89);
INSERT INTO 选课 VALUES("2001304303","3",85);
```

（5）向"系"表中插入下列数据：

```
04,计算机科学与技术
06,电子信息技术
INSERT INTO 系 VALUES ("04","计算机科学与技术");
INSERT INTO 系 VALUES ("06","电子信息技术");
```

2. 修改数据

将"张力"老师"数据结构"课程的学生成绩全部加10分。

```
UPDATE 选课
    SET 成绩=成绩+10
    WHERE 课程编号 IN
        (SELECT 课程号
        FROM 课程,教师
        WHERE 课程.教师编号=教师.教师编号
        AND 教师.教师姓名='张力')
```

3. 删除数据

删除学号为2001304301的学生的所有选课记录。

```
DELETE FROM 选课
WHERE 学号 IN
        (SELECT 学号
        FROM 学生
```

```
WHERE 学号="2001304301")
```

注：本命令只是逻辑删除指定的记录。

4.1.4　用 SQL 语句对"教学管理"数据库进行数据查询

1. 简单查询

（1）查询所有学生的信息。

```
SELECT *
FROM 学生
```

（2）查询所有女生的姓名。

```
SELECT 姓名
FROM 学生
WHERE 性别="女"
```

（3）查询成绩在 80～90 分之间的所有学生的选课记录，查询结果按照成绩进行降序排列。

```
SELECT *
FROM 选课
WHERE 成绩>=80 AND 成绩<=90
ORDER BY 成绩 DESC
```

（4）查询年龄小于 21 岁的女学生。

```
SELECT *,INT((DATE()-出生日期)/365) AS 年龄
FROM 学生
WHERE (DATE()-出生日期)/365>30 AND 性别="女"
```

（5）查询选修各门课程的学生人数。

```
SELECT 课程编号,COUNT(学号)
FROM 选课
GROUP BY 课程编号
```

（6）统计每个学生的选课门数。

```
SELECT 学号,COUNT(学号) AS 选课门数
FROM 选课
GROUP BY 学号
```

（7）统计每门课程的平均成绩。

```
SELECT 课程编号,AVG(成绩) AS 平均成绩
FROM 选课
GROUP BY 课程编号
```

（8）查询所有选过课程的学生学号与姓名。

```
SELECT DISTINCT 学生.学号,姓名
FROM 学生,选课
WHERE 学生.学号=选课.学号
```

2. 多表查询

（1）查询"计算机科学与技术"系的所有教师。

```
SELECT 教师姓名,系名
FROM 教师,系
WHERE 教师.系编号=系.系编号 AND 系名="计算机科学与技术"
```

（2）查询学生的学号、姓名、课程名称和成绩,将查询结果输出到数据表"学生成绩"中。

```
SELECT 学生.学号,姓名,课程名称,成绩
FROM 学生,选课,课程
WHERE 学生.学号=选课.学号 AND 选课.课程编号=课程.课程编号
INTO TABLE 学生成绩.dbf
```

（3）查询选修了"数据库"和"数据结构"学生的学号、姓名、课程名称和成绩。

```
SELECT 学生.学号,姓名,课程名称,成绩
FROM 学生,选课,课程
WHERE 学生.学号=选课.学号 AND 选课.课程编号=课程.课程编号
AND (课程名称="数据库" OR 课程名称="数据结构")
```

3. 嵌套查询

（1）查询选修课总学分在 10 学分以下的学生的姓名。

```
SELECT 姓名
FROM 学生
WHERE 学号 IN
    (SELECT 学号
     FROM 选课,课程
     WHERE 选课.课程编号=课程.课程编号
     GROUP BY 学号
     HAVING SUM(学分)<10)
```

（2）查询比学生"金叶"入学成绩高的学生学号、姓名、性别和入学成绩。

```
SELECT 学号,姓名,性别,入学成绩
FROM 学生
WHERE 入学成绩>(SELECT 入学成绩 FROM 学生 WHERE 姓名="金叶")
```

（3）查询比任何一个男生入学成绩高的女生姓名和入学成绩。

```
SELECT 学号,姓名,性别,入学成绩
```

FROM 学生

WHERE 性别="女" AND 入学成绩>ANY (SELECT 入学成绩 FROM 学生 WHERE 性别="男")

（4）查询各门课程成绩最高的学生姓名及其成绩。

SELECT 课程编号,姓名,成绩

FROM 学生,选课 SCX

WHERE 学生.学号=SCX.学号 AND SCX.成绩 IN

(SELECT MAX(成绩)

FROM 选课 SCY

WHERE SCX.课程编号=SCY.课程编号

GROUP BY 课程编号)

4.2　上机作业

根据已建立的"学生"表、"课程"表、"选课"表、"系"表和"教师"表完成以下操作。

1. 查询 1989 年以前出生的学生名单。

2. 查询男女生的平均年龄。

3. 查询男生和女生的入学平均成绩,要求结果显示性别和入学平均成绩。

4. 查询选修两门以上课程的学生学号和上课门数。

5. 显示王倩教师所教课程的课程号、课程名、学生人数及学分,按学分由低到高排列。

6. 列出学分大于 2 的所有课程的课程号、课程名、任课教师姓名及职称。

7. 查询所有比沈梅入学成绩高的学生姓名和入学成绩。

8. 查询学生所学课程和成绩,输出学号、姓名、课程名称、成绩、学分及任课教师,并将查询结果存入 testtable 表中。

实验 5　SQL 查询与视图操作

实验目的

- 掌握使用查询向导创建查询的方法。
- 掌握使用查询设计器创建查询的方法。
- 掌握运行查询的方法。
- 熟悉查询文件的定向输出。
- 掌握使用视图向导创建视图的方法。
- 掌握使用"视图设计器"创建视图的方法。

5.1　实验内容及步骤

5.1.1　用查询向导创建查询

【例 5.1】 使用"查询向导"对话框查询学号为 2001304301 的学生选修的全部课程,

并按"课程编号"升序排序。

（1）打开数据库文件"教学管理.dbc"，选择"文件"菜单中的"新建"命令，在打开的"新建"对话框（如图 5.1 所示）中，选择文件类型为"查询"，单击"向导"按钮，打开"向导选取"对话框，如图 5.2 所示。

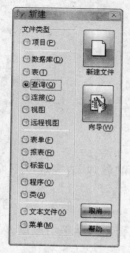

图 5.1　"新建"对话框　　　　　　　　图 5.2　"向导选取"对话框

（2）在"向导选取"对话框中，选择"查询向导"选项，单击"确定"按钮，打开"查询向导"对话框，如图 5.3 所示。

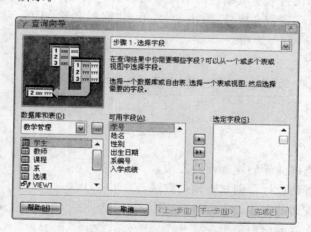

图 5.3　"查询向导"对话框

（3）在"查询向导"对话框中分别选择"学生"表、"选课"表和"课程"表，将"学生.学号"、"学生.姓名"、"选课.课程编号"、"课程.课程名称"、"选课.成绩"字段添加到"选定字段"列表框中，如图 5.4 所示。

（4）单击"下一步"按钮，进入查询向导的步骤 2。为表建立关联，如图 5.5 所示。添加两个联接，联接的条件分别是：学生.学号＝选课.学号、选课.课程编号＝课程.课程编号。

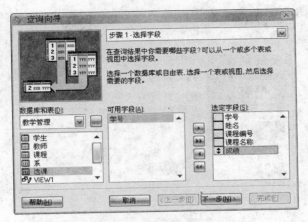

图 5.4 查询向导的步骤 1

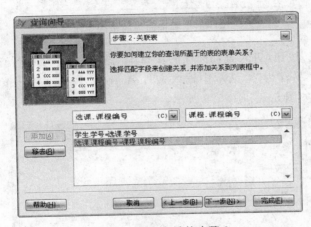

图 5.5 查询向导的步骤 2

（5）单击"下一步"按钮，进入查询向导的步骤 3。设置查询的筛选条件：学生.学号＝"2001304305"，如图 5.6 所示。

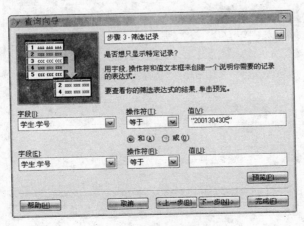

图 5.6 查询向导的步骤 3

（6）单击"下一步"按钮，进入查询向导的步骤4。设置排序方式为按"选课.课程编号"升序排序，如图5.7所示。

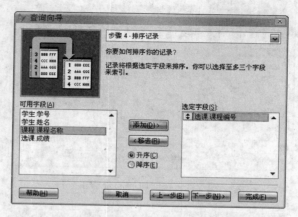

图5.7 查询向导的步骤4

（7）单击"完成"按钮，进入查询向导的步骤5。选择"保存并运行查询"选项，单击"完成"按钮，在打开的"另存为"对话框中输入文件名grcx，单击"确定"按钮，即完成查询的创建，并运行查询，如图5.8和图5.9所示。

图5.8 "另存为"对话框

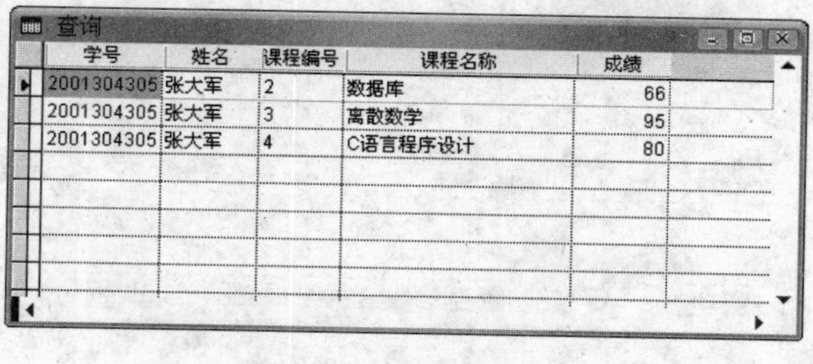

学号	姓名	课程编号	课程名称	成绩
2001304305	张大军	2	数据库	66
2001304305	张大军	3	离散数学	95
2001304305	张大军	4	C语言程序设计	80

图5.9 运行查询结果

5.1.2　SQL 查询设计器

针对"教学管理"数据库,利用查询设计器,完成以下的查询。

1. 单表查询

【例 5.2】　查询所有入学成绩在 500 分以上的女学生的学号、姓名和入学成绩,并按
"入学成绩"降序排列,然后将查询结果保存在文件"查询 1. qpr"中。

(1)打开 Visual FoxPro,设置默认路径,打开"教学管理"数据库后,选择"文件"菜单
中的"新建"命令,在打开的"新建"对话框中选择文件类型为"查询",再单击"新建文件"
按钮,即可打开查询设计器和"添加表或视图"对话框,如图 5.10 所示。

图 5.10　"添加表或视图"对话框

(2)在"添加表或视图"对话框中,将"教学管理"数据库中的"学生"表添加到"查询设
计器"对话框中。

(3)在"查询设计器"对话框的"字段"选项卡中,将"可用字段"列表框中的"学号"、
"姓名"、"入学成绩"字段添加到"选定字段"列表框中,如图 5.11 所示。

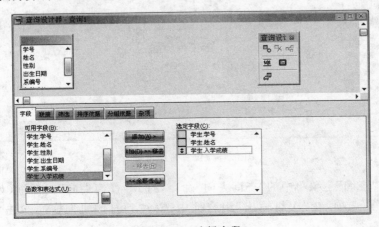

图 5.11　选择字段

（4）选择"筛选"选项卡，在"字段名"下拉列表框中选择筛选的字段"学生.性别"，在"条件"下拉列表框中选择"＝"选项，在"实例"文本框中输入："女"，在"逻辑"下拉列表框中选择"AND"选项（连接下面的查询子表达式）。再选择第二个筛选字段"学生.入学成绩"，在"条件"下拉列表框中选择"＞＝"选项，在"实例"文本框中输入"520"，如图5.12所示。

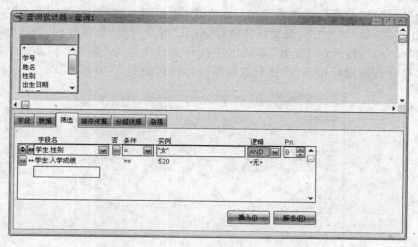

图5.12　设置筛选条件

（5）选择"排序依据"选项卡，在"选定字段"列表框中选择"学生.入学成绩"，添加到"排序条件"列表框中。在"排序选项"区域选中"降序"单选按钮，设置查询结果按"入学成绩"降序排序，如图5.13所示。

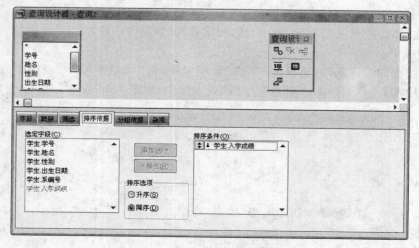

图5.13　设置排序依据

（6）选择"查询"主菜单中的"查询去向"命令，打开"查询去向"对话框（如图5.14所示），选择"屏幕"选项，在"次级输出"组合框中选择"到打印机"选项，单击"确定"按钮即可。

图 5.14　"查询去向"对话框

(7) 选择"查询"菜单中的"查看 SQL"命令,可以显示上述操作过程所创建的 SQL 语句,显示结果如图 5.15 所示。

图 5.15　"查看 SQL"窗口

(8) 选择"查询"菜单中的"运行查询"命令,显示如图 5.16 所示的结果。

图 5.16　查询结果

(9) 选择"文件"菜单中的"保存"或"另存为"命令,在打开的对话框中输入文件名"查询 1",可将上述查询过程保存为查询文件,查询文件的扩展名为".qpr",如图 5.17 所示。使用 DO<查询文件名>可以运行查询文件以得到查询的结果。

图 5.17 "另存为"对话框

2. 多表查询

【例 5.3】 查询计算机科学与技术系选修每门课程的人数,每门课程的平均成绩、最高分,并按"课程编号"降序排序,然后将查询结果输出到数据表 qurery_score. dbf 文件中。

(1) 打开查询设计器,选择数据库"教学管理"中的"学生"表、"选课"表、"课程"表、"系"表。

(2) 选择"字段"选项卡,选定字段为"选课. 课程编号"。

(3) 选择"联接"选项卡,由于前面在"教学管理"数据库中已经建立了表的关联,所以直接显示出这 4 个表之间的关联情况,如图 5.18 所示。

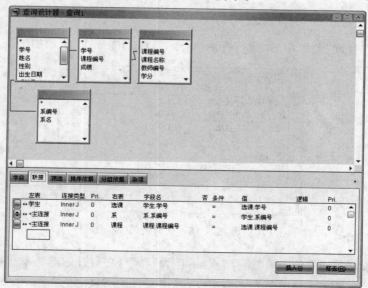

图 5.18 多表联接查询

（4）选择"筛选"选项卡，在"字段名"列中选择"系.系名"字段，在"条件"下拉列表框中选择"＝"选项，在"实例"文本框中输入："计算机科学与技术"，如图 5.19 所示。

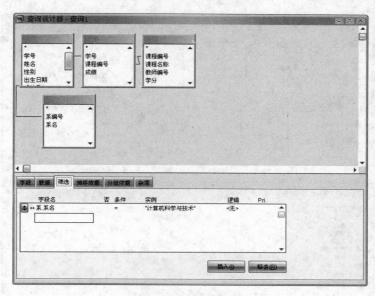

图 5.19　设置筛选条件

（5）选择"排序依据"选项卡，在"选定字段"列表框中选择"选课.课程编号"字段，添加到"排序条件"列表框中。在"排序选项"区域选中"降序"单选按钮，设置查询结果按"课程编号"降序排序，如图 5.20 所示。

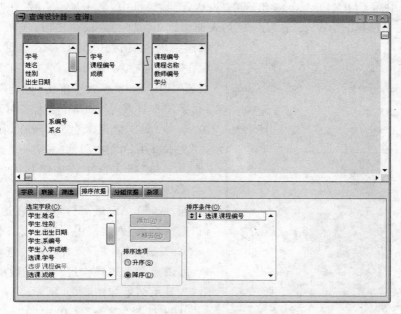

图 5.20　设置排序依据

（6）选择"分组依据"选项卡，在"选定字段"列表框中双击"选课.课程编号"字段，添加到"分组字段"列表框中，如图 5.21 所示。

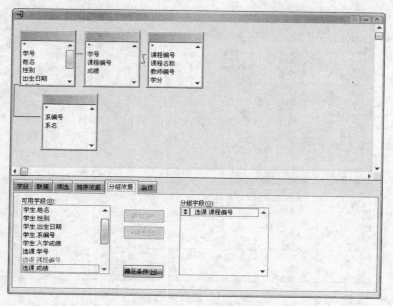

图 5.21　设置分组依据

（7）单击"字段"选项卡中"函数和表达式"文本框旁边的省略号按钮，打开"表达式生成器"对话框。在"表达式生成器"对话框中的"数学"下拉列表框中找到 COUNT（expN），选中后 COUNT（expN）出现在"表达式"编辑框中，选中 expN 后，在"来源于表"下拉列表框中选择"选课"表，在"字段"列表框中选中"学号"字段单击，这样在"表达式"编辑框中出现表达式 COUNT（选课.学号），然后在其后再输入"AS 修课人数"作为表达式的别名（如图 5.22 所示），单击"确定"按钮，返回到"字段"选项卡，此时表达式"COUNT（选课.学号）AS 修课人数"出现在"函数和表达式"文本框中，单击"添加"按钮，表达式被移到"选定字段"列表框中。按照相同的方法再生成"AVG（选课.成绩）AS 平均成绩"和"MAX（选课.成绩）AS 最高分"两个表达式，并添加到"选定字段"列表框中，如图 5.23 所示。

（8）选择"查询"菜单中的"查看 SQL"命令，可以显示上述操作过程所创建的 SELECT 语句，显示结果如图 5.24 所示。

（9）选择"查询"菜单中的"运行查询"命令，显示如图 5.25 所示的结果。

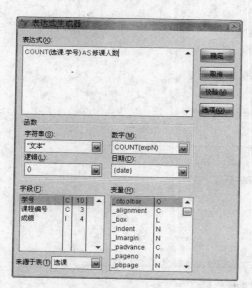

图 5.22　"表达式生成器"对话框

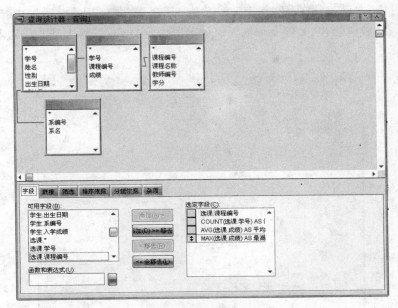

图 5.23 选择字段

```
查询1
SELECT 选课.课程编号, COUNT(选课.学号) AS 修课人数,;
   AVG(选课.成绩) AS 平均成绩, MAX(选课.成绩) AS 最高分;
   FROM ;
      教学管理!学生;
      INNER JOIN 教学管理!选课;
   ON  学生.学号 = 选课.学号 ;
      INNER JOIN 教学管理!系;
   ON  系.系编号 = 学生.系编号 ;
      INNER JOIN 教学管理!课程;
   ON  课程.课程编号 = 选课.课程编号;
   WHERE  系.系名 = "计算机科学与技术";
   GROUP BY 选课.课程编号;
   ORDER BY 选课.课程编号 DESC
```

图 5.24 "查看 SQL"窗口

课程编号	修课人数	平均成绩	最高分
4	3	84	88
3	6	83	95
2	5	80	90
1	5	77	90

图 5.25 查询结果

（10）选择"文件"菜单中的"保存"或"另存为"命令，在打开的对话框中打开"教学管理"文件夹，在"教学管理"文件夹中输入文件名"query_score"，将上述查询过程保存为查询文件，如图5.26所示。

图5.26　"另存为"对话框

5.1.3　使用视图向导创建视图

【例5.4】　使用视图向导创建一个包含电子信息系学生的学号、姓名、课程编号、课程名称、成绩信息的视图，要求其结果按"课程名称"升序排序，课程名称相同的再按"成绩"降序排序，将该视图命名为"view1"保存。

（1）打开数据库文件"教学管理.dbc"，选择"文件"菜单中的"新建"命令，在打开的"新建"对话框中选择文件类型"视图"，单击"向导"按钮，打开"本地视图向导"对话框，如图5.27所示。

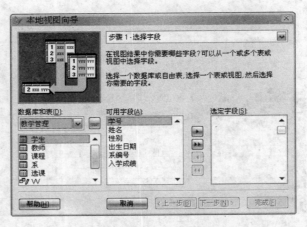

图5.27　"本地视图向导"对话框

（2）在"本地视图向导"对话框中，将"学生.学号"、"学生.姓名"、"选课.课程编号"、"课程.课程名称"、"选课.成绩"字段添加到"选定字段"列表框中，如图 5.28 所示。

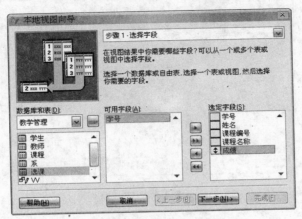

图 5.28　本地视图向导的步骤 1

（3）单击"下一步"按钮，进入本地视图向导的步骤 2。为表建立关联，如图 5.29 所示。添加两个联接，联接条件分别是：学生.学号＝选课.学号、选课.课程编号＝课程.课程编号。

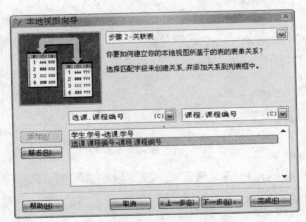

图 5.29　本地视图向导的步骤 2

（4）单击"下一步"按钮，进入本地视图向导的步骤 3。设置查询的筛选条件：学生.系编号＝"06"，如图 5.30 所示。

（5）单击"下一步"按钮，进入本地视图向导的步骤 4。设置排序方式，先按"课程.课程名称"升序排序，在课程名称相同的情况下再按"选课.成绩"降序排序，如图 5.31 所示。

（6）单击"完成"按钮，进入本地视图向导的步骤 5。

（7）选择"保存本地视图并浏览"选项，再次单击"完成"按钮，按系统提示输入视图名称 view1，如图 5.32 所示。

单击"确定"按钮，即可看到视图 view1 中的内容，如图 5.33 所示。

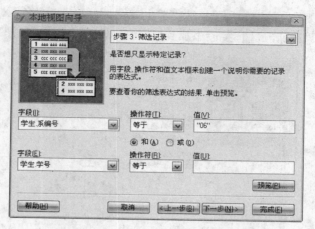

图 5.30　本地视图向导的步骤 3

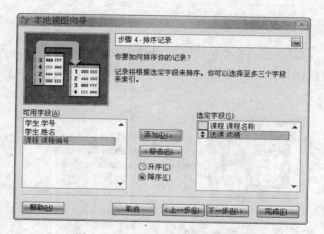

图 5.31　本地视图向导的步骤 4

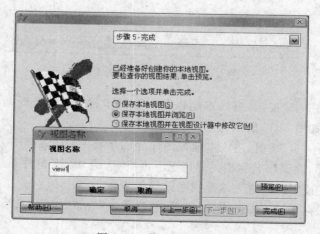

图 5.32　输入视图名称

学号	姓名	课程编号	课程名称	成绩
2001306304	郑亮	2	数据库	65
2001306302	刘志明	2	数据库	66
2001306303	董海燕	2	数据库	67
2001306305	王铁梅	2	数据库	79
2001306301	王小强	2	数据库	86
2001306306	苏凤鸣	2	数据库	95
2001306302	刘志明	1	数据结构	80
2001306304	郑亮	1	数据结构	91
2001306301	王小强	3	离散数学	77
2001306303	董海燕	3	离散数学	83
2001306304	郑亮	3	离散数学	88
2001306302	刘志明	3	离散数学	90
2001306306	苏凤鸣	3	离散数学	91
2001306305	王铁梅	3	离散数学	93
2001306301	王小强	4	C语言程序设计	58
2001306305	王铁梅	4	C语言程序设计	70
2001306303	董海燕	4	C语言程序设计	78
2001306306	苏凤鸣	4	C语言程序设计	84

图 5.33 浏览视图 view1

5.1.4 使用视图设计器创建多表视图

【例 5.5】 使用视图设计器创建一个查阅 0101 号教师所教各门课程的视图,要求其结果按"学号"升序排序,学号相同的再按"成绩"降序排序,输出学号、姓名、课程编号、课程名称、教师姓名、成绩。

(1) 打开数据库文件"教学管理.dbc"。选择"文件"菜单中的"新建"命令,在打开的"新建"对话框中选择文件类型"视图",单击"新建文件"按钮,打开"添加表或视图"对话框和"视图设计器"对话框,依次将"学生"、"选课"、"课程"、"教师"等表添加到"视图设计器"对话框中。

(2) 在"字段"选项卡中选择"学生.学号"、"学生.姓名"、"课程.课程编号"、"课程.课程名称"、"教师.教师姓名"、"选课.成绩"几个字段添加到"选定字段"列表框中,如图 5.34 所示。

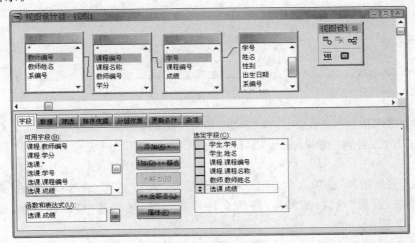

图 5.34 选择字段

（3）在"联接"选项卡中建立联接条件，由于前面在"教学管理"数据库中已经建立了表的关联，所以直接显示出这4个表之间的关联情况，如图5.35所示。

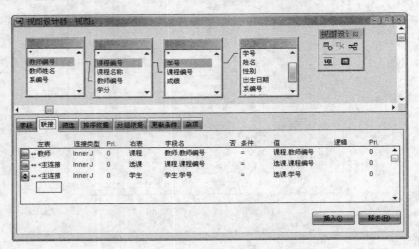

图 5.35　建立联接

（4）在"筛选"选项卡中设置筛选条件。在"字段名"列中选择"教师.教师编号"字段；在"条件"下拉列表框中选择"＝"选项；在"实例"文本框中输入："0101"，如图5.36所示。

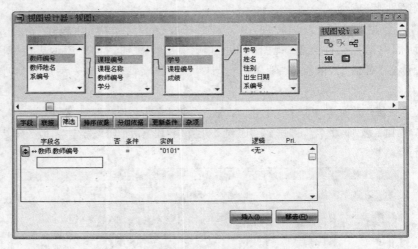

图 5.36　设置筛选条件

（5）在"排序依据"选项卡中，将"学生.学号"字段添加到"选定字段"列表框中，选择"升序"排序方式，再将"选课.成绩"字段添加到"选定字段"列表框中，选择"降序"排序方式。

（6）在"更新条件"选项卡的"字段名"列表框中，单击"选课.成绩"前面的"钥匙"按钮和"铅笔"按钮，设置"选课.成绩"字段为允许修改状态，然后选中"发送SQL更新"复选框，如图5.37所示。

（7）单击"常用"工具栏中的 按钮，即可看到结果，如图5.38所示。

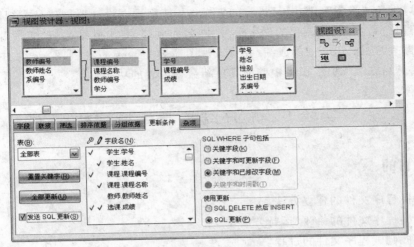

图 5.37 设置更新条件

学号	姓名	课程编号	课程名称	教师姓名	成绩
2001304301	王红	1	数据结构	张力	80
2001304302	李鹏	1	数据结构	张力	78
2001304302	李鹏	4	C语言程序设计	张力	66
2001304303	李小明	4	C语言程序设计	张力	88
2001304304	金叶	1	数据结构	张力	90
2001304305	张大军	4	C语言程序设计	张力	80
2001304306	沈梅	4	C语言程序设计	张力	85
2001304306	沈梅	1	数据结构	张力	75
2001306301	王小强	4	C语言程序设计	张力	58
2001306302	刘志明	1	数据结构	张力	80
2001306303	董海燕	4	C语言程序设计	张力	78
2001306304	郑亮	1	数据结构	张力	91
2001306305	王铁梅	4	C语言程序设计	张力	70
2001306306	苏凤鸣	4	C语言程序设计	张力	84

图 5.38 查询结果

(8) 选择"文件"菜单中的"保存"命令,在打开的对话框中输入视图名 view2,关闭"视图设计器"对话框,完成操作。

5.2 上机作业

1. 对数据库"教学管理.dbc"使用查询设计器创建一个查询 xscj,按系查询学生的成绩及学分,要求包含如下字段:学号、姓名、性别、系、课程名称、学分、成绩,并将该查询保存到 xscj.dbf 表中。

2. 对数据库"教学管理.dbc"使用查询设计器创建一个查询,查询所有教师教学情况。要求包含如下字段:教师编号、教师姓名、课程编号、课程名称、学生人数,并将查询结果保存在 teacher.dbf 表中。

3. 对数据库"教学管理.dbc"使用视图设计器创建一个视图,包含如下字段:学号、姓名、课程名称、学分、成绩、教师姓名,按成绩由低到高排序,并将该视图命名为 view3。

4. 对数据库"教学管理.dbc"进行如下操作：使用视图设计器创建一个视图，其内容包含所有选修"数据结构"课程的学生学号、姓名和成绩，要求其结果按"成绩"降序排序，且允许修改表"选课.dbf"中的成绩，并将该视图命名为 view4；在视图 view4 中修改某学生的成绩，然后在表"选课.dbf"中验证其更新数据源表的功能。

实验6　顺序结构与选择结构

实验目的

- 掌握程序文件的建立方法。
- 掌握程序文件的修改、运行方法。
- 掌握调试程序文件的过程。
- 掌握顺序结构的程序设计方法。
- 掌握选择结构的程序设计方法。

6.1　实验内容及步骤

6.1.1　建立程序文件

1. 用菜单方式建立程序文件

【例 6.1】　建立程序文件"程序 1. prg"。

（1）启动 Visual FoxPro。

（2）在系统菜单中，选择"文件"菜单中的"新建"命令，如图 6.1 所示，新建对象。

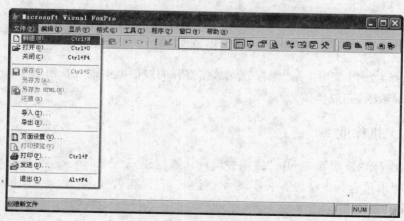

图 6.1　新建对象

（3）在打开的"新建"对话框中选中"程序"单选按钮，如图 6.2 所示，然后单击"新建文件"按钮，打开程序编辑器窗口。

（4）在程序编辑器窗口中输入程序。

（5）选择"文件"中的"保存"命令，如图 6.3 所示，或单击工具栏中的"保存"按钮，打开"另存为"对话框，如图 6.4 所示。

图 6.2　"新建"对话框

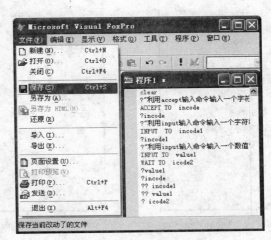

图 6.3　"保存"命令

图 6.4　"另存为"对话框

（6）选择保存路径，输入新建的程序文件名"程序 1.prg"。

（7）关闭程序编辑器窗口。

2. 用项目管理器建立程序文件

【例 6.2】　建立程序文件"程序 2.prg"

（1）在系统菜单中，选择"文件"中的"新建"命令，在弹出的"新建"对话框中选中"项目"单选按钮，如图 6.5 所示，然后单击"新建文件"按钮，打开"创建"对话框，默认项目名称为"项目1",如图6.6所示。

图6.5 "新建"对话框

图6.6 "创建"对话框

　　(2)单击右下角的"保存"按钮,打开"项目管理器"对话框,选择"代码"选项卡,选择其中的第一项"程序",如图6.7所示,然后单击右侧的"新建"按钮,打开程序编辑器窗口,如图6.8所示。

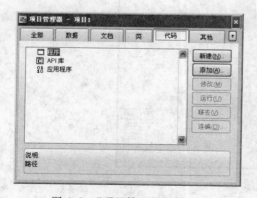

图6.7 "项目管理器"对话框

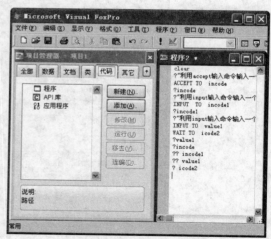

图6.8 程序编辑器窗口

3. 用命令方式建立程序文件

　　【例6.3】 建立程序文件"程序3.prg"

　　在"命令"窗口中输入"MODIFY COMMAND E:\教学管理\程序3.prg",如图6.9所示,按Enter键后,打开程序编辑器窗口,就可以在里面输入程序了。

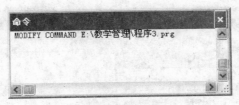

图 6.9　"命令"窗口

6.1.2　程序文件的修改和运行

1. 程序文件的修改

【例 6.4】　修改"E:\教学管理\程序 3.prg"。

（1）在系统菜单中，选择"文件"菜单中的"打开"命令，在打开的"打开"对话框中选择文件类型"程序"，然后在"查找范围"下拉列表中选择 E 盘，双击"教学管理"文件夹或选中"教学管理"文件夹后单击"确定"按钮，选中要打开的程序文件"程序 3.prg"，单击"确定"按钮，打开"程序 3.prg"程序文件编辑窗口。

（2）在程序文件编辑器窗口中修改程序。

2. 程序文件的运行

【例 6.5】　运行"E:\教学管理\程序 3.prg"。

（1）在系统菜单中，单击"程序"菜单中的"运行"命令，如图 6.10 所示，或者单击工具栏中的"运行"按钮，如果程序没有错误，则系统运行"程序 3.prg"。

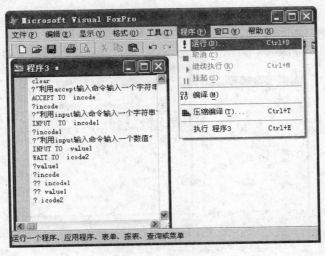

图 6.10　"运行"命令

（2）在程序中如果存在语法错误，则打开"程序错误"对话框，在对话框中提示用户并给出错误信息，将程序编辑窗口中的错误语句高亮显示，如图 6.11 所示。

（3）根据需要，在"取消"、"挂起"、"忽略"和"帮助"4 个按钮中进行选择，每个按钮中

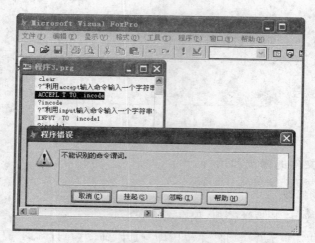

图 6.11 "程序错误"信息提示对话框

的英文字母表示各个按钮所对应的按键。单击后回到程序编辑器窗口进行程序修改操作,直到程序正确。

3. 程序文件的保存

【例 6.6】 保存"E:\教学管理\程序 3. prg"。

在系统菜单中,选择"文件"菜单中的"保存"命令,如图 6.12 所示,或者单击工具栏中的"保存"按钮存盘,然后单击程序编辑器窗口右上角的"退出"按钮,退出程序编辑器窗口。

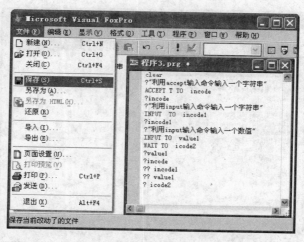

图 6.12 "保存"命令

6.1.3 程序的调试方法

【例 6.7】 使用调试器对程序"程序 3. prg"进行调试。

(1)打开调试器。在系统菜单中,选择"工具"菜单中的"调试器"命令,就可以打开

"调试器"窗口,如图 6.13 所示。

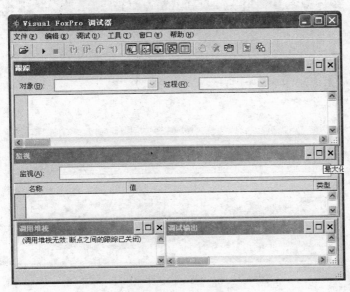

图 6.13 "调试器"窗口

（2）打开程序文件"程序 3.prg"。在"调试器"窗口中,选择"文件"菜单中的"打开"命令,如图 6.14 所示,打开要调试的程序文件"程序 3.prg",进入调试程序文件的调试窗口,如图 6.15 所示。

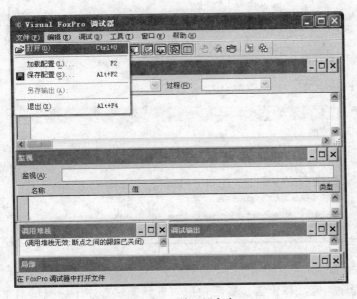

图 6.14 "打开"命令

（3）设置断点。调试程序时可以设置断点（程序执行到断点停止）,在调试器的"跟踪"窗口中程序的对应语句左边双击左键,可以设置断点。如在该程序中"？"利用

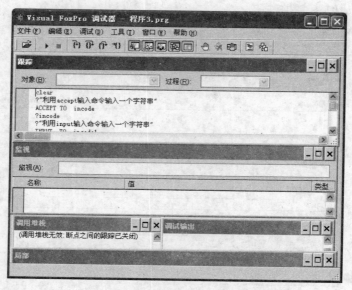

图 6.15　在调试器中打开程序文件

ACCEPT 输入命令输入一个字符串""和"？"利用 INPUT 输入命令输入一个字符串""
语句上分别设置了一个断点,如图 6.16 所示。

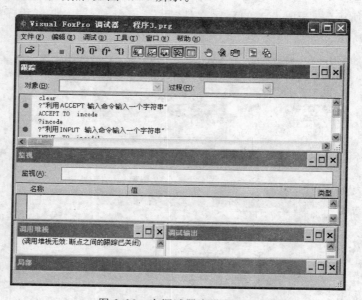

图 6.16　在调试器中设置断点

（4）调试程序。完成以上各步骤后便可以开始调试程序了。调试器工具栏上有程序
执行命令按钮,这些按钮对应的执行方式分别为"继续"、"取消"、
"跟踪"、"单步"、"跳出"、"运行到光标处",如图 6.17 所示。用户
可以根据程序调试的不同情况选择不同的调试方式。

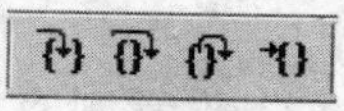

图 6.17　调试器工具栏

6.1.4 顺序结构程序设计

【例 6.8】 掌握 "?" 和 "??" 的使用方法, 编写代码, 要求完成以下功能: 输出字符 "中华人民共和国", 同行输出字符 "北京师范大学", 换行输出 "现代教育技术教学部"。新建程序文件 "程序 3. prg", 在程序编辑器窗口中输入如下代码, 保存并运行。

```
CLEAR
? "中华人民共和国"
?? "北京师范大学"
? "现代教育技术教学部"
```

程序运行结果如图 6.18 所示。

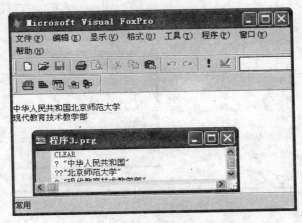

图 6.18 "程序 3. prg" 运行结果

【例 6.9】 掌握 ACCEPT, INPUT, WAIT 命令的使用方法。编写代码, 实现以下功能: 利用 ACCEPT 输入命令输入一个字符串, 并将输入的字符串存入变量 icode 中; 利用 INPUT 输入命令输入一个字符串, 并将输入的字符串存入变量 icode1 中; 利用 INPUT 输入命令输入一个数值, 并将输入的字符串存入变量 value1 中; 将 icode、icode1、value1 输出到屏幕上, 要求输出到同一行; 利用 WAIT 输入命令输入一个字符, 并将输入的字符存入变量 icode2 中。新建程序文件 "程序 4. prg", 在程序编辑器窗口中输入如下代码, 保存并运行。

```
CLEAR
? "利用 CLEAR 输入命令输入一个字符串"
ACCEPT TO incode
? incode
? "利用 INPUT 输入命令输入一个字符串"
INPUT TO incode1
? incode1
? "利用 INPUT 输入命令输入一个数值"
```

```
INPUT TO value1
WAIT TO icode2
?value1
?incode
??incode1
??value1
?icode2
```

程序运行结果如图 6.19 所示。

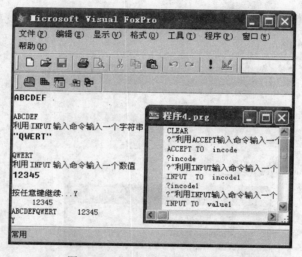

图 6.19 "程序 4.prg"运行结果

【例 6.10】 掌握标准函数的使用方法,编写代码,实现以下功能:在屏幕上输出:"请输入您的用户名:",同时可以将输入的用户名存储于变量 username 中。在屏幕上输出:"请输入您的年龄:",同时可以将用户输入的数字存储于变量 userage 中。在屏幕上输出:"欢迎您,XXX,您是 XXXX 年出生的",其中第一个 XXX 代表用户输入的用户名,第二个 XXXX 代表当前年减用户输入的年龄得到的出生年。新建程序文件"程序 5.prg",在程序编辑器窗口中输入如下代码,保存并运行。

```
CLEAR
?"请输入您的用户名:"
ACCEPT TO username
?"请输入您的年龄:"
INPUT TO userage
?"欢迎您,"
??username+",您是"
??YEAR(DATE())-userage
??"年出生的"
```

程序运行结果如图 6.20 所示。

【例 6.11】 掌握在程序中打开、关闭以及控制表的操作,关闭信息显示开关,清除内

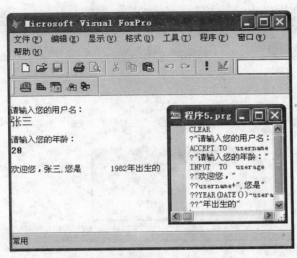

图 6.20　"程序 5.prg"运行结果

存变量,清屏,打开"学生"表。显示"请输入您想查找的人的姓名",并将用户输入的姓名保存于变量 username 中(利用 INPUT 命令或 ACCEPT 命令)。在表中查找记录(利用 LOCATE 命令),并显示记录,暂停操作。打开信息显示开关。建立一个程序文件"程序 6.prg",在程序编辑器窗口中输入如下代码,保存并运行。

```
SET TALK OFF
SET PATH TO E:\教学管理
CLEAR ALL
CLEAR
USE 学生
?"请输入您想查找的人的姓名"
ACCEPT TO username
? username
LOCATE FOR 姓名=username
? FOUND()
DISPLAY
SET TALK ON
```

程序运行结果如图 6.21 所示。

6.1.5　选择结构程序设计

1. IF…ENDIF 结构的使用方法

【例 6.12】　判断用户输入的数据,如果是负数,则显示,并显示判别结果。

建立一个程序文件"程序 7.prg",在程序编辑器窗口中输入如下代码,保存并运行。

```
CLEAR
INPUT "请输入数据:" TO x
```

图 6.21　"程序 6.prg"运行结果

```
IF x< 0
    ?STR(x)+"是负数！"
ENDIF
RETURN
```

程序运行结果如图 6.22 所示。

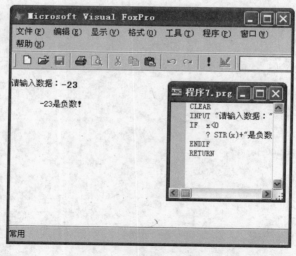

图 6.22　"程序 7.prg"运行结果

2. IF…ELSE…ENDIF 结构的使用方法

【例 6.13】　利用 WAIT 命令输入一个字符到变量 yn 中，判断 yn 的值，如果 yn＝
"y"，则输出字符串"感谢您对我们的支持！！！"，否则输出"谢谢合作，再见！！！"，用条件选
择结构实现，并显示判别结果。建立一个程序文件"程序 8.prg"，在程序编辑器窗口中输
入如下代码，保存并运行。

```
CLEAR
WAIT TO yn
IF yn="y"
    ?"感谢您对我们的支持!!!"
ELSE
    ?"谢谢合作,再见!!!"
ENDIF
```

程序运行结果如图 6.23 所示。

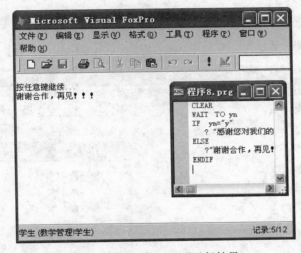

图 6.23　"程序 8.prg"运行结果

【例 6.14】　给予用户提示：输入 3 个数，将这 3 个数按照从大到小的顺序依次列出（同一行），用条件选择结构实现，并显示判别结果。建立一个程序文件"程序 9.prg"，在程序编辑器窗口中输入如下代码，保存并运行。

```
CLEAR
?"请输入第一个数:"
INPUT TO a
?"请输入第二个数:"
INPUT TO b
?"请输入第三个数:"
INPUT TO c
IF a>b
    one=a
    two=b
ELSE
    one=b
    two=a
ENDIF
IF two>c
```

```
        three=c
ELSE
        three=two
        two=c
ENDIF
IF one>two
        ? one,two,three
ELSE
        ? two,one,three
ENDIF
```

程序运行结果如图 6.24 所示。

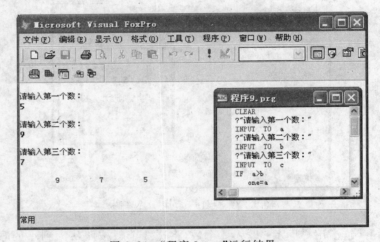

图 6.24   "程序 9.prg"运行结果

【例 6.15】   输入三角形的 3 个边长 a、b、c，若 a、b、c 能构成三角形，则计算出三角形面积；否则提示"不能构成三角形！"。若构成的三角形为直角三角形，也给出"构成直角三角形"的提示，用条件选择结构实现，并显示判别结果。建立一个程序文件"程序 10.prg"，在程序编辑器窗口中输入如下代码，保存并运行。

```
CLEAR
? "请输入 A 边长："
INPUT    TO    a
? "请输入 B 边长："
INPUT    TO    b
? "请输入 C 边长："
INPUT    TO    c
IF a>b
        one=a
        two=b
ELSE
```

```
    one=b
    two=a
ENDIF
IF  two>c
    three=c
ELSE
    three=two
    two=c
ENDIF
IF one>two
    ?one,two,three
ELSE
    temp=one
    one=two
    two=temp
    ?one,two,three
ENDIF
IF    two+three>one
    s=(one+two+three)/2
    ?"三角形面积为"
    ??SQRT(s*(s-a)*(s-b)*(s-c))
ELSE
    ?"不能构成三角形!"
ENDIF
```

程序运行结果如图 6.25 所示。

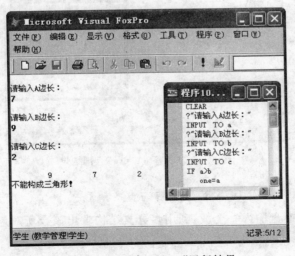

图 6.25　"程序 10.prg"运行结果

【例 6.16】　求解 $ax^2+bx+c=0$ 的实根。要求 a、b、c 这 3 个参数由键盘输入，且若 $b^2-4ac<0$ 时利用 MessageBox() 函数显示"方程无实数根!"，用条件选择结构实现，并显示判别结果。建立一个程序文件"程序 11.prg"，在程序编辑器窗口中输入如下代码，保

存并运行。

```
SET TALK OFF
CLEAR
INPUT "输入参数 a: a=" TO a
INPUT "输入参数 b: b=" TO b
INPUT "输入参数 c: c=" TO c
IF b^2-4*a*c>=0
    x1=(-b+ SQRT(b^2-4*a*c))/(2*a)
    x2=(-b-SQRT (b^2-4*a*c))/(2*a)
    ?"x1=",x1
    ?"x2=",x2
ELSE
    MessageBox("方程无实数根!",0,"提示信息")
ENDIF
SET TALK ON
RETURN
```

程序运行结果如图 6.26 所示。

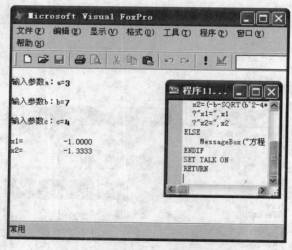

图 6.26　"程序 11.prg"运行结果

3. 使用 DO CASE…ENDCASE 分支结构

【例 6.17】　由键盘输入一个数,利用多分支结构求出该数所对应的函数 $F(x)$ 的值。其中: $F(x)=x(x<0)$, $F(x)=2x(0<x<1)$, $F(x)=x^2(1<x<2)$, $F(x)=x^{\frac{1}{2}}(x>2)$, 并显示判别结果。建立一个程序文件"程序 12.prg",在程序编辑器窗口中输入如下代码,保存并运行。

```
CLEAR
?"请输入一个数"
```

```
INPUT TO x
DO CASE
CASE x<0
    ?x
CASE x<1
    ?2*x
CASE x<2
    ?x*x
OTHERWISE
    ?SQRT(x)
ENDCASE
```

程序运行结果如图 6.27 所示。

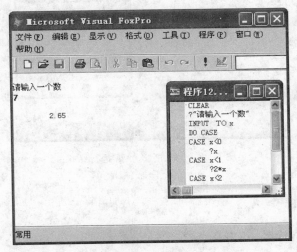

图 6.27 "程序 12.prg"运行结果

【例 6.18】　要求输入某位同学的一门课考试成绩(按百分制),若成绩分数大于等于 90 输出"优秀",若小于 90 大于等于 70 输出"良好",若大于等于 60 小于 70 输出"及格", 60 以下则输出"不及格",并显示判别结果。建立一个程序文件"程序 13.prg",在程序编辑器窗口中输入如下代码,保存并运行。

```
SET TALK OFF
CLEAR
INPUT "请输入考试成绩: "TO score
DO CASE
    CASE score>=90
        ?"优秀"
    CASE score>=70 AND score<90
        ?"良好"
    CASE score>=60 AND score<70
        ?"及格"
```

```
    OTHERWISE
        ?"不及格"
ENDCASE
SET TALK ON
RETURN
```

程序运行结果如图 6.28 所示。

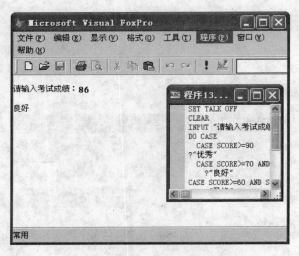

图 6.28 "程序 13. prg"运行结果

6.2 上机作业

1. 从键盘输入 3 个数,找出其中的最小值。

2. 根据输入三角形的底和高,求三角形面积。

3. 程序运行时,输入一位同学的姓名,若表中有该同学,则显示其学号、姓名、出生日期和专业信息,若无则显示"查无此人!"。

4. 编写程序求出 3 个数中的最大数。

5. 由用户输入字符串、数字及逻辑值并显示。

6. 从键盘上任意输入一个数给 x,计算下列分段函数的值并输出结果。要求用 IF…ENDIF 和CASE…ENDCASE 语句分别编写程序。

$$y=\begin{cases} 2x+5 & x>20 \\ 8 & x=20 \\ 10x-5 & x<20 \end{cases}$$

7. 编写一个程序,判断所输入的一个字符是英语字母、数字符号还是特殊符号(数字符号和字母之外),并给出相应的提示。

实验 7　循 环 结 构

实验目的

- 理解循环结构的基本概念和执行过程。
- 掌握 FOR…ENDFOR 语句的使用方法。
- 掌握 DO WHILE…ENDDO 语句的使用方法。
- 掌握 SCAN…ENDSCAN 语句的使用方法。
- 掌握循环嵌套的使用方法。

7.1　实验内容及步骤

7.1.1　使用 FOR…ENDFOR 语句构造循环程序

【例 7.1】　从键盘上输入一个字符串后,统计其中大写字母的个数。建立一个程序文件"程序 14.prg",在程序编辑器窗口中输入如下代码,保存并运行。

要统计一个字符串中大写字母的个数,必须将字符串中的每个字符取出并鉴别,看是否是大写字母。循环的次数应该是字符串的长度,因此用 ACCEPT 语句从键盘接收了一个字符串变量 x 后,用 LEN(x)函数求出字串的长度 n 作为循环变量的最终值,循环变量 i 的初值在循环开始时设定为 1,在循环体中,每次取出字符串 x 中的第 1 个字符判断是否为大写。若为大写,将累计变量 m 的值加 1;否则只将循环变量 i 增加 1,回到循环的开始处,判断 i 值是否大于 n,以确定是继续循环还是结束循环。

```
SET TALK OFF
CLEAR
m=0
ACCEPT "请输入一串字符" TO x
n=LEN(x)
FOR i=1 TO n
    letter=SUBSTR(x,i,1)
    IF ASC(letter)>=65 and ASC(letter)<=90
        m=m+1
    ENDIF
ENDFOR
?"大写字母的个数是:",ALLT(STR(m)),"个"
RETURN
```

程序运行结果如图 7.1 所示。

【例 7.2】　找出 1～100 之内的素数的个数并求和。建立一个程序文件"程序 15.prg",在程序编辑器窗口中输入如下代码,保存并运行。

首先设变量 s 存放素数的和,将其初始值设为 0,然后进入外层循环,最小的素数为 3,因而外层循环变量 i 的初值为 3,而终值为 100。进入内层循环是判断变量 i 是否是素

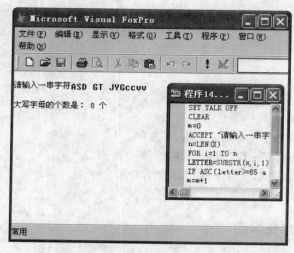

图 7.1 "程序 14.prg"运行结果

数,定义内层循环变量 j 应从 2 开始,直到 i-1 为止,去除 i,如果能够整除,则不是素数,否则应累加到变量 s 中。直到把所有的素数都找出来并相加求和后,再将结果输出。这里使用一个逻辑型变量 flag 来标志是否是素数,在没有进入内层循环之前首先假定该数 i 是素数,进入内层循环后如果数 i 能够被从 2 到 i-1 之中的某一个数整除,则不是素数,应将素数标志 flag 设置为.F.,并立即退出内层循环。在外层循环中检测 flag 标志,如为.T.,则说明是素数,应累加,否则不做任何处理。

```
CLEAR
SET TALK OFF
@1,10 SAY "要求:找出 1~100 之内的素数,并求和"
s=0
n=0
FOR i=3 TO 100
    flag=.T.
    FOR j=2 TO i-1
        IF i/j=INT(i/j)
            flag=.F.
            EXIT
        ENDIF
    ENDFOR
    IF flag
        s=s+i
        n=n+1
    ENDIF
ENDFOR
? SPAC(10)+"1~100 之内的素数一共有"+ALLT(STR(n))+"个"
? SPAC(10)+"其中素数的合计数是:"+ALLT(STR(s))
RETURN
```

程序运行结果如图 7.2 所示。

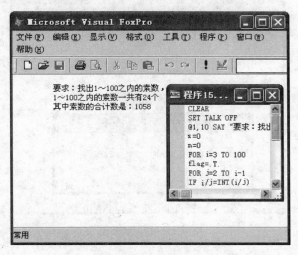

图 7.2 "程序 15.prg"运行结果

【例 7.3】 计算 100 以内的所有奇数的和并显示。建立一个程序文件"程序 16.prg",在程序编辑器窗口中输入如下代码,保存并运行。

首先设定变量 s 用来存放奇数的和,把变量 s 初始值清 0。其次要实现题中要求,必须使用循环结构来对 100 以内的数据逐一进行判断,如果满足奇数条件,则将其累加到变量 s 上,否则继续对下一个数据进行判断,直到 100 为止。

```
SET TALK OFF
CLEAR
? SPACE(10)+"计算 100 以内的所有奇数和"
s=0
FOR i=1 TO 100
    IF INT(i/2)<>i/2
        s=s+i
    ENDIF
NEXT
@ 5,10 SAY "100 以内的所有奇数和为："+STR(s,6)
RETURN
```

程序运行结果如图 7.3 所示。

【例 7.4】 求自然数 $1\sim n$ 中能同时被 3 和 5 整除的数之和。建立一个程序文件"程序 17.prg",在程序编辑器窗口中输入如下代码,保存并运行。

本程序完成将 n 个自然数中所有能被 3 和 5 整除的数求和,并输出计算结果的功能。首先用 INPUT 语句从键盘接收自然数 n,然后在循环体中使循环变量 i 从 1 增加到 n,随着 i 的增加,将能被 3 和 5 整除的数筛选出来并求和。当 i＞n 时,循环结束,将总和 s 输出。在循环体内的分支结构条件表达式中,欲判断 i 能否同时被 3 和 5 整除,条件表达式应为 MOD(i,3)=0 . AND. MOD(i,5)=0。

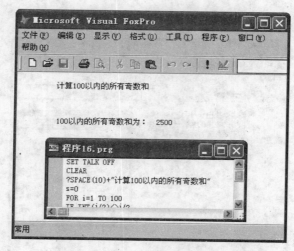

图 7.3 "程序 16.prg"运行结果

```
CLEAR
SET TALK OFF
?"求自然数 1~n 中能同时被 5 和 3 整除的数之和"
INPUT "请输入 n 的值："TO n
s=0
FOR i=1 TO n
    IF MOD(i,3)=0 AND MOD(i,5)=0
        s=s+i
    ENDIF
ENDFOR
?"能同时被 5 和 3 整除的数之和",s
RETURN
```

程序运行结果如图 7.4 所示。

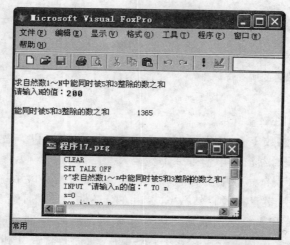

图 7.4 "程序 17.prg"运行结果

7.1.2　利用 DO WHILE…ENDDO 语句构造循环程序

【例 7.5】　编写程序实现多次在"学生.dbf"表中查找记录的操作,任意输入一位学生的学号,若查找到相应的记录则显示,否则给出提示"查无此人!";根据提示输入 N 或 n 则结束程序的运行。建立一个程序文件"程序 18.prg",在程序编辑器窗口中输入如下代码,保存并运行。

```
SET PATH TO E:\教学管理
SET TALK OFF
CLEAR
USE 学生.dbf
DO WHILE .T.
    CLEAR
    ACCEPT "请输入学生学号:" TO zhgno
    LOCATE FOR 学号=zhgno
    IF .NOT.EOF()
        DISPLAY 学号,姓名,性别
    ELSE
        ?"查无此人!"
    ENDIF
    WAIT "继续查询? (Y/N):" TO p
    IF UPPER(p)<>"Y"
        USE
        EXIT
    ENDIF
ENDDO
SET TALK ON
RETURN
```

程序运行结果如图 7.5 所示。

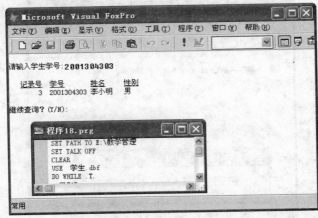

图 7.5　"程序 18.prg"运行结果

【**例 7.6**】 打印 $100\sim999$ 之间的水仙花数,水仙花数是指一个 3 位数,其中每一位数字的立方和等于该数本身。如 153 是一个水仙花数,因为 $153=1^3+5^3+3^3$。利用循环遍历 $100\sim999$ 之间的每一个数,对其中的每个数字都做测试,判断其各位上的数字的立方和是否等于该数本身,如果是,则输出显示;不是则换下一个数进行测试。建立一个程序文件"程序 19.prg",在程序编辑器窗口中输入如下代码,保存并运行。

```
CLEAR
? SPACE (10) + "要求：求出 100~999 之间的水仙花数"
?
n=100
m=0
DO WHILE n<1000
    a=INT(n/100)
    b=INT(n/10)-INT(n/100) * 10
    c=n%10
    IF n=a^3+b^3+c^3
        ? SPACE(3), n
        m=m+1
        n=n+1
        LOOP
    ELSE
        n=n+1
        LOOP
    ENDIF
ENDDO
@ 8,6 SAY "在 100~999 之间的水仙花数共有:"
@ 8,35 SAY STR(m,2)
@ 8,40 SAY "个"
RETURN
```

程序运行结果如图 7.6 所示。

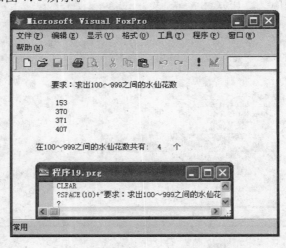

图 7.6 "程序 19.prg"运行结果

7.1.3 利用 SCAN…ENDSCAN 语句构造循环程序

【**例 7.7**】 将"学生.dbf"表中性别为"女"的记录逐条显示出来,保存并运行该程序。
建立一个程序文件"程序 20.prg",在程序编辑器窗口中输入如下代码,保存并运行。

```
SET PATH TO E:\教学管理
SET TALK OFF
CLEAR
USE 学生.dbf
SCAN FOR 性别="女"
DISPLAY 学号,性别,姓名,出生日期,入学成绩
WAIT
ENDSCAN
USE
SET TALK ON
RETURN
```

程序运行结果如图 7.7 所示。

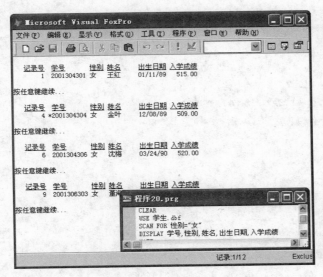

图 7.7 "程序 20.prg"运行结果

7.1.4 循环嵌套的综合应用

【**例 7.8**】 打印由数字组成的三角形。采取双循环的控制结构打印图形,外循环控
制图形行列的变化,内循环控制每行打印图形的数字变化与数字的个数。建立一个程序
文件"程序 21.prg",在程序编辑器窗口中输入如下代码,保存并运行。

```
CLEAR
SET TALK OFF
DO WHILE .T.
```

```
        DO WHILE .T.
            INPUT SPACE(10)+"请您任意输入 3~9 的数字,然后按回车键"TO s
            IF s>9 .OR. s<3
                LOOP
            ELSE
                EXIT
            ENDIF
        ENDDO
        i=6
        p=60
        FOR a=s TO 1 STEP-1
            n=p
                FOR b=1 TO 2 * a-1
                    @ i,p+1 SAY ALLTRIM(STR(a))
                    p=p-1
                NEXT
            i=i+1
            p=n-1
        NEXT
        p=p+1
        FOR a=1TO s
            n=p
            FOR b=1TO 2 * a-1
                @ i,p+1 SAY ALLTRIM(STR(a))
                p=p+1
            NEXT
            i=i+1
            p=n-1
        NEXT
        WAIT SPACE(20)+"您要继续吗 Y/N? "TO d
        IF UPPER(d)<>"Y"
            CLEAR
            @ 10,40 SAY "谢谢!"
            WAIT " " TIME(2)
            RETURN
        ELSE
            LOOP
        ENDIF
    ENDDO
    RETURN
```

程序运行结果如图 7.8 所示。

【例 7.9】 从键盘输入整数 $k(1<k<5)$、$m(5<m<8)$ 值,由程序计算出 $s=k!+(k+1)!+\cdots+m!$ 的值,建立一个程序文件"程序 22. prg",在程序编辑器窗口中输入如下

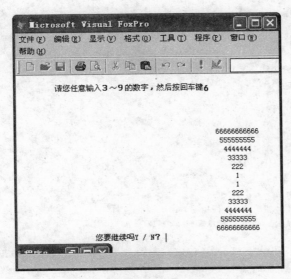

图 7.8　"程序 21.prg"运行结果

代码,保存并运行。

本程序首先分别判断输入的整数 k 与 m 是否满足条件。如果不满足条件,则由循环程序控制要求重新输入;如果输入数据满足条件,利用 FOR 循环,首先计算 k 的阶乘值,将求和变量 s 赋初始值为 k!,设置(k+1)~m 的循环,每次循环都计算一次新的阶乘,并加到变量 s 上,最终求得总和。

```
SET TALK OFF
CLEAR
? SPACE(30)+"本程序名是:求阶乘和.prg"
DO WHILE .T.
    DO WHILE .T.
        INPUT "请输入数值 k(1<k<5): " TO k
        IF k>1 .AND. k<5 .AND. INT(k)=k
            EXIT
        ELSE
            WAIT "输入错误!请输入 1 到 5 之间的整数"
            LOOP
        ENDIF
    ENDDO
    DO WHILE .T.
        INPUT "请输入数值 m(5<m<8): "TO m
        IF m>5 .AND. m<8 .AND. INT(m)=m
            EXIT
        ELSE
            WAIT "输入错误!请输入 5~8 之间的整数"
```

```
        LOOP
    ENDIF
ENDDO
jc=1
FOR i=1 TO k
    jc=jc*i
ENDFOR
**计算 s
s=jc
FOR i=k+1 TO m
jc=jc*i
s=s+jc
ENDFOR
?"s="+LTRI(STR(k))+"!+"+LTRI(STR(k+1))+"!+…+"+LTRI(STR(m))+"!="
??LTRIM(STR(s))+"(其中 k="+LTRIM(STR(k))+",m="+LTRIM(STR(m))+")"
WAIT"要进行下一次计算吗?(Y/N)'" TO yorn
IF UPPER(yorn)="Y"
    LOOP
ENDIF
EXIT
ENDDO
RETURN
```

程序运行结果如图 7.9 所示。

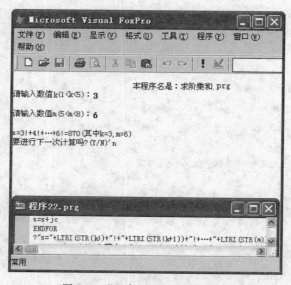

图 7.9 "程序 22.prg"运行结果

【例 7.10】 使用 2~8 之间的任意数字打印空心菱形。在打印图形时,使用变量 i 控制行的变化,使用变量 p 和 q 控制列的变化,使用变量 m 控制数字的增加与减少。建立一个程序文件"程序 23.prg",在程序编辑器窗口中输入如下代码,保存并运行。

```
DO WHILE .T.
    CLEAR
    INPUT"请输入 2~8 之间的任意一个整数 n:" TO n
    DO WHILE n>8 OR n<=1
        ?"输入的数不在 2 和 8 之间,请重新输入!!!"
        INPUT"请输入 2~8 之间的任意一个整数 n:" TO n
    ENDDO
    i=6
    p=29
    q=31
    @ i,p+1 SAY 1 PICT "9"
    FOR m=2 TO n
        i=i+1
        @ i,q SAY m PICT "9"
        @ i,p SAY m PICT "9"
        p=p-1
        q=q+1
    ENDFOR
    p=p+2
    q=q-2
    FOR m=n-1 TO 2 STEP-1
        i=i+1
        @ i,p SAY m PICT "9"
        @ i,q SAY m PICT "9"
        p=p+1
        q=q-1
    ENDFOR
    @ i+1,p SAY 1 PICT "9"
    ?
    WAIT SPACE(20)+"您要继续吗?Y/N 回答" TO n
    IF UPPER(n)="Y" .OR. UPPER(n)<>"N"
        LOOP
    ELSE
        EXIT
    ENDIF
ENDDO
RETURN
```

程序运行结果如图 7.10 所示。

【例 7.11】　字符串处理类程序设计,输入任意字符串,输出其倒序。建立一个程序文件"程序 24.prg",在程序编辑器窗口中输入如下代码,保存并运行。

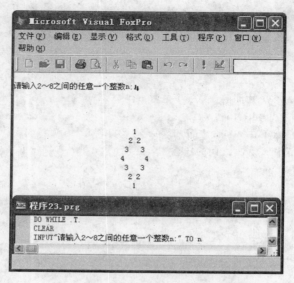

图 7.10 "程序 23.prg"运行结果

设计字符倒序截取时,应考虑汉字与字符两种情况,使用 ASCII 值函数判断是否是汉字。截取之前应先测试用户输入的字符串长度。

```
CLEAR
SET TALK OFF
DO WHILE .T.
    ??"这是任意字符串的倒序输出程序"
    ACCEPT SPACE(20)+"请输入任意的字符串" TO s
    a=LEN(s)
    ?SPACE(20)+s
    ?
    X=""
    FOR a=a TO 1 STEP-1
        IF ASC(SUBS(s,a,1))>128
            t=SUBS(s,a-1,2)
            a=a+1
        ELSE
            t=SUBS(s,a,1)
        ENDIF
        x=x+t
    NEXT
    ?SPACE(20)+x
    WAIT SPACE(30)+"您要继续吗? Y/N 回答" TO dm
    IF UPPE(dm)="Y"
        LOOP
```

```
    ELSE
        EXIT
    ENDIF
ENDDO
RETURN
```

程序运行结果如图 7.11 所示。

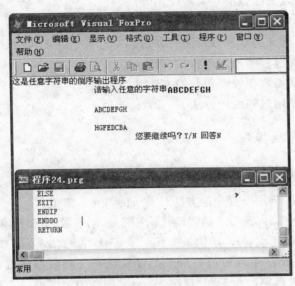

图 7.11 "程序 24.prg"运行结果

7.2 上机作业

1. 计算 100 以内的所有偶数和并显示。

2. 逐条显示"学生"表中的记录,由用户按任意键继续,当用户输入 Q 或到表的末尾时,程序终止。

3. 由用户随机输入一段字符串,统计其中字符 e 出现的次数。

4. 从键盘输入 10 个数,找出其中的最小值。

5. 在"学生.dbf"表中顺序查找性别为"男"的全部记录并显示出来。

6. 编写一个程序产生一个有 20 项的 Fibonacci 数列并输出。注:Fibonacci 数列的前两项为 1,从第三项开始每一项是其前两项之和。

7. 编写程序计算 e,e 的近似值计算公式为:$e=1+1/1!+1/2!+1/3!+\cdots+1/n!$,直到 $1/n!<0.000001$ 为止。

8. 编写程序,计算出 100~200 之间能被 3 和 7 都整除的所有自然数。

9. 用试探法求解百鸡问题,"鸡翁一,值钱五;鸡母一,值钱三;鸡雏三,值钱一,百钱百鸡,问鸡翁、母、雏各几何?"

实验 8 过程与函数

实验目的

- 掌握过程、自定义函数的定义与使用方法。
- 掌握过程、自定义函数调用的程序设计方法。
- 掌握过程、自定义函数参数传递的方法。
- 掌握编写内部过程与外部过程的方法。
- 掌握编写内部函数与外部函数的方法。
- 掌握变量的作用域和使用方法。

8.1 实验内容及步骤

8.1.1 内部过程程序的定义与使用

【例 8.1】 用过程调用子程序的方法计算 $n!$ 和 $m!$ 的值。

设计主程序"程序 25. prg",从键盘输入大于 1 的正整数 m 和 n，调用子程序 SUB 计算 $m!$ 和 $n!$ 的值。使用主程序调用阶乘子程序 SUB 的时候，传递参数 n、m 和 s，其中 n、m 是要计算的正整数，s 中存放的是阶乘的计算结果。两段程序放在同一个命令文件中时，过程必须写在主程序后面。在"程序 25. prg"程序编辑器窗口中输入如下代码：

```
CLEAR
INPUT "请输入 n=" to n
INPUT "请输入 m=" to m
s=1
DO SUB WITH n,s
?"n!=",s
DO SUB WITH m,s
?" m!=",s
RETURN
*****SUB 过程*******
PROCEDURE SUB
PARAMETERS n,s
s=1
FOR i=1 to n
    s=s*i
ENDFOR
RETURN
```

程序运行结果如图 8.1 所示。

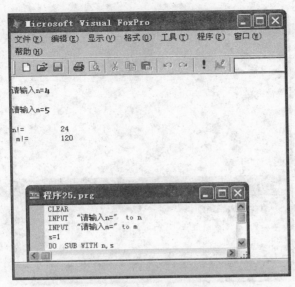

图 8.1 "程序 25.prg"的运行结果

8.1.2 内部自定义函数的定义与使用

【例 8.2】 用函数实现 $n!$ 和 $m!$ 的值的计算,设计主程序"程序 26.prg",从键盘输入大于 1 的正整数 m 和 n,调用函数 FUN 计算 $m!$ 和 $n!$ 的值。使用主程序调用函数 FUN 的时候,传递参数 n 或 m,其中 n 或 m 是要计算的正整数,在函数 FUN 中用参数 s 返回计算结果的值。在程序编辑器窗口中输入如下代码:

```
CLEAR
INPUT "请输入 n=" to n
INPUT"请输入 m=" to m
s=FUN(n)
?"n!=",s
s=FUN(m)
?"m!=",s
********函数 FUN()********
FUNCTION FUN
PARAMETERS n
s=1
FOR i=1 to n
    s=s*i
ENDFOR
RETURN(s)
```

程序运行结果如图 8.2 所示。

【例 8.3】 编写一个求圆面积的函数 CIRCLEAREA,当从键盘输入一个半径值时,

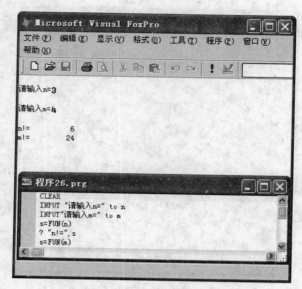

图 8.2 "程序 26. prg"的运行结果

通过调用 CIRCLEAREA 函数,计算圆面积。主程序文件名为"程序 27. prg",程序源代码如下:

```
SET TALK OFF
CLEAR
STORE 0.00 TO r
INPUT "请输入圆的半径: "TO r
?"半径为",r,"的圆面积为: "
??CIRCLEAREA (r)
RETU
*****函数 CIRCLEAREA()*****
FUNCTION CIRCLEAREA (a)
    AREA=PI() * a * a
    RETURN AREA
ENDFUNCTION
```

程序运行结果如图 8.3 所示。

8.1.3 过程文件的定义与使用

【例 8.4】 编写一个过程文件 profile. prg 包含一个计算圆面积的自定义函数 AREA()和一个整数阶乘的过程 PROCJC. prg;然后编写一个主程序 main. prg 调用其中的函数和过程,计算一个圆环的面积和任意一个整数阶乘。

(1)建立过程文件。按建立一般程序文件的方法,建立过程文件 profile. prg,其中的程序代码如下:

图 8.3　"程序 27.prg"的运行结果

```
* ============计算圆面积的自定义函数 AREA============
FUNCTION AREA(r)
s=r^2 * PI()
RETURN s                              && 指定函数的返回值
ENDFUN
* ============计算阶乘的 PROCJC 过程============
PROCEDURE PROCJC(a,t)
    t=1
    FOR i=1 TO a
        t=t * i
    ENDFOR
ENDPROC
```

(2) 建立主程序文件,按建立一般程序文件的方法,建立主程序文件 main.prg,其中的程序代码如下:

```
SET TALK OFF
CLEAR
SET PATH TO E:\教学管理
SET PROCEDURE TO PROFILE
STORE 0 TO n,result
INPUT"请输入圆环的外径: "TO r1
INPUT"请输入圆环的内径: "TO r2
INPUT"输入一个整数: "TO n
s=AREA(r1)-AREA(r2)                   && 调用函数 AREA
?"圆环的面积: "+STR(s)
DO PROCJC? WITH? n,result
? n,"!=",result
RETURN
```

程序运行结果如图 8.4 所示。

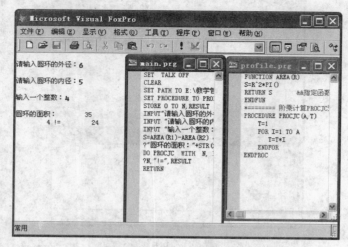

图 8.4 过程文件的建立和使用

8.1.4 变量的作用域与使用方法

【例 8.5】 掌握私有变量和局部变量的作用域与使用方法,建立并运行程序文件"程序 28.prg",观察程序文件中不同作用范围变量的输出结果。

```
**********main.prg*********
CLEAR
PRIVATE y
LOCAL z
x=10
y=20
z=30                                    && 局域,下层无效
k=40
? "MAIN:",x,y,z,k
DO SUB
? "MAIN-SUB:",x,y,z,k,a,b,c
RETURN
*********过程 SUB 模块**********
PROCEDURE SUB
PUBLIC a,b,c
PRIVATE k
a=X/5
b=Y/5
c=1
k=5
x=x+1
```

```
y=2+y
z=3
?"SUB:",x,y,z,k,a,b
ENDPROC
```

运行"程序 28.prg",显示结果如图 8.5 所示。

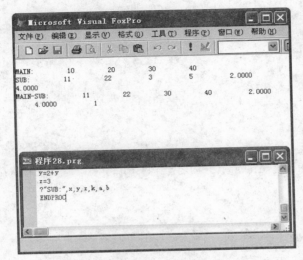

图 8.5　"程序 28.prg"的运行结果

8.2　上机作业

1. 从键盘输入一个字符串,要求对其进行大小写转换,大写的转换成小写的,小写的转换成大写的(用过程调用和函数调用分别实现)。

2. 编写一个自定义函数,用以实现素数的判定,利用此函数输出 3 到 200 之间的所有素数。

3. 按照如下对应关系 a→e,b→f,…,v→z,w→a,…,z→d 对用户输入的小写字符串进行转换并输出(非小写字母转换时忽略),要求用过程实现。

4. 编写求 $N!$ 的函数 JC,调用 JC 函数求以下表达式的值。

$$Y=C_n^m=\frac{n!}{m!\ (n-m)!}$$

5. 新建程序 exercise1.prg,编写代码,定义 3 个变量 a、b、c,分别赋值 1,2,3,输出 a、b、c。调用程序 exercise2.prg,重新输出 a、b、c。新建程序 exercise14.prg,编写代码,对 a、b、c 重新赋值 4,5,6,并用? 输出。观察后程序对前程序的变量影响。

6. 修改上述程序 exercise1.prg 中的代码,将 a 声明为全局型内存变量,b 声明为局部型内存变量。修改上述程序 exercise2.prg 中的代码,将 c 声明为隐蔽型内存变量。其他代码保持不变。观察输出结果有何不同,总结结论。

7. 建立一个程序文件 exercise3.prg,完成以下功能:输入两个数(最好是有正负号)到内存变量 a、b 中。利用 DO…WITH…语句调用子程序 exercise4.prg。求出 a、b 两个数的绝对值,利用变量 c 先后保存并输出。编写相应的 exercise4. prg 程序,完成接收参数及求出接收的参数的绝对值并返回的功能。

8. 以下是两个程序文件:

```
* main.prg
   PRIVATE m
   m=1
   n=2
   DO b
   ? m,n
* b.prg
   m=3
   n=4
   RETURN
```

执行 DO MAIN 后,观察显示的内容,若将 PRIVATE m 语句放在 b. prg 中,再重新观察显示的内容。

实验 9   数据库的基本操作

实验目的

- 掌握创建数据库的基本方法。
- 掌握数据库中数据表的操作。
- 掌握数据表之间关联关系的创建方法。

9.1   实验内容及步骤

本实验要在 Visual FoxPro 环境中建立名为"教学管理.dbc"的数据库,并通过这个数据库学习打开、修改、关闭和删除数据库的方法。

9.1.1   创建数据库

创建数据库的常用方法有 3 种:在项目管理器中建立数据库;通过菜单方式建立数据库;使用命令建立数据库。

1. 在项目管理器中建立数据库

(1) 单击工具栏上的"新建"按钮或者选择"文件"菜单中的"新建"命令,打开"新建"对话框,选择"项目"文件类型,然后单击"新建文件"按钮,如图 9.1 所示。

图 9.1   "新建"项目对话框

（2）在打开的"创建"对话框中选择"E:\教学管理"文件夹，在"项目文件"下拉列表框中输入"教学管理.pjx"，如图 9.2 所示，单击"保存"按钮，即新建一个名为"教学管理"的项目文件，同时打开项目管理器，如图 9.3 所示。

图 9.2　"创建"对话框

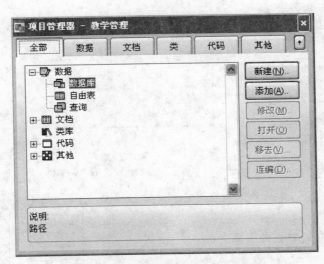

图 9.3　"教学管理"项目的项目管理器

（3）在项目管理器中的"全部"选项卡（如图 9.4 所示）或"数据"选项卡（如图 9.5 所示）中选择"数据库"，单击"新建"按钮，打开"新建数据库"对话框，如图 9.6 所示。

（4）在"新建数据库"对话框中单击"新建数据库"按钮，在随后打开的"创建"对话框中，选择"教学管理"文件夹，在"数据库名"下拉列表框中输入数据库的名称"教学管理.dbc"，如图 9.7 所示。

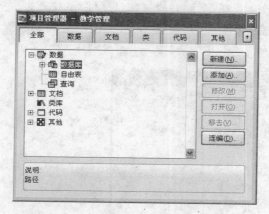

图9.4   项目管理器的"全部"选项卡

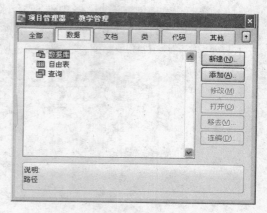

图9.5   项目管理器的"数据"选项卡

图9.6   "新建数据库"对话框

图9.7   "创建"对话框

（5）单击"保存"按钮完成数据库的建立，并同时打开"数据库设计器"窗口，如图9.8 所示。在没有添加任何表和其他对象之前，它是一个空 数据库。

2. 通过菜单方式建立数据库

单击工具栏上的"新建"按钮或者选择"文件"菜单 中的"新建"命令，打开"新建"对话框，选择"数据库"文 件类型，然后单击"新建文件"按钮，如图9.9所示。后 面的操作步骤与在项目管理器中建立数据库的步骤 （2）、（3）、（4）、（5）相同。

图9.8   "数据库设计器"窗口

3. 使用命令建立数据库

（1）在"命令"窗口中输入：CREATE DATABASE ∠，如图9.10所示。

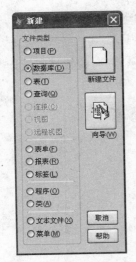

图 9.9　"新建"数据库对话框

图 9.10　"命令"窗口（创建数据库）

（2）打开"创建"对话框，在其中选择"教学管理"文件夹。在"数据库名"下拉列表框中输入"教学管理.dbc"，如图 9.7 所示。

（3）单击"保存"按钮，即在"教学管理"文件夹中创建了一个名字为"教学管理.dbc"的数据库文件。

9.1.2　打开数据库

打开数据库的常用方法有 3 种：在项目管理器中打开数据库；使用菜单打开数据库；使用命令打开数据库。

1. 使用项目管理器打开数据库

由于"教学管理.dbc"数据库属于"教学管理"项目，可以在项目管理器中，选择"数据库"节点下的"教学管理"数据库，如图 9.11 所示，单击"修改"按钮，打开数据库设计器，如图 9.8 所示。

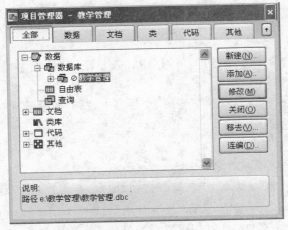

图 9.11　项目管理器

2. 使用菜单打开数据库

选择"文件"菜单中的"打开"命令,在"打开"对话框中选择"数据库"文件类型及文件存储位置,双击"教学管理.dbc"数据库文件,如图9.12所示,相应的数据库设计器也同时打开。

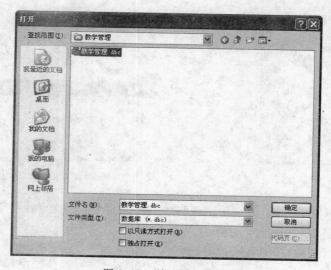

图9.12 "打开"对话框

3. 使用命令打开数据库

(1) 在"命令"窗口中输入：OPEN DATABASE ✓,如图9.13所示。

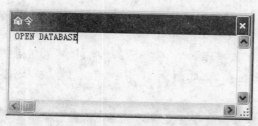

图9.13 "命令"窗口(打开数据库)

(2) 在打开的"选择数据库名:"对话框中,"查找范围"设置为"教学管理",数据库选择"教学管理.dbc",如图9.14所示。

(3) 单击"打开"按钮,即在"教学管理"文件夹中打开"教学管理"数据库。

9.1.3 修改数据库

1. 使用项目管理器修改数据库

(1) 打开"教学管理"文件夹中的"教学管理"项目。

(2) 在打开的项目管理器中,选择"教学管理"数据库,如图9.11所示,单击"修改"按钮,打开"数据库设计器"窗口,在其中可以对数据库进行修改操作,如图9.15所示。

图 9.14　"选择数据库名:"对话框

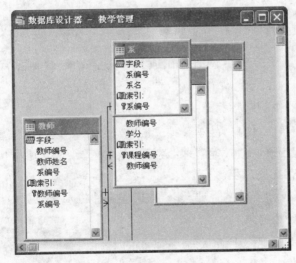

图 9.15　"数据库设计器"窗口

2. 使用菜单方式修改数据库

(1) 在"教学管理"文件夹中单击"教学管理.dbc"项目,打开项目管理器。

(2) 选择"教学管理"数据库,单击"修改"按钮,打开"数据库设计器"窗口,在空白处右击,弹出快捷菜单,利用其中的命令可以进行新建表、添加表等操作,具体操作见 9.1.6 节。

3. 使用命令方式修改数据库

(1) 在"命令"窗口中输入命令: MODIFY DATABASE ✓。

(2) 打开"打开"对话框,设置"查找范围"为"教学管理"文件夹,选择"教学管理"数据库,单击"打开"按钮,打开数据库设计器,右击,弹出快捷菜单,利用其中的命令可以进行新建表、添加表等操作,具体操作见 9.1.6 节。

9.1.4 关闭数据库

关闭数据库的常用方法有两种:在项目管理器中关闭数据库;使用命令关闭数据库。

1. 使用项目管理器关闭数据库

在项目管理器中,选择"E:\教学管理\教学管理.dbc"数据库文件,然后单击"关闭"按钮。如果要关闭数据库设计器,只要单击窗口右上角的"关闭"按钮即可。

2. 使用命令关闭数据库

(1) 在"命令"窗口中输入命令: CLOSE DATABASE ↙,关闭当前打开的"教学管理"数据库文件。

(2) 在"命令"窗口中输入命令: CLOSE DATABASE ALL ↙,关闭所有打开的数据库文件及其他所有类型的文件。

9.1.5 删除数据库

删除数据库的常用方法有两种:在项目管理器中删除数据库;使用命令删除数据库。

1. 在项目管理器中删除数据库

(1) 在项目管理器中,选择"教学管理.dbc"数据库。

(2) 单击"移去"按钮,将"教学管理"数据库从"教学管理"项目中移去,但"教学管理.dbc"数据库仍然保存在磁盘上。

(3) 单击"删除"按钮,"教学管理.dbc"数据库文件将永久地从磁盘上删除。

2. 使用命令删除数据库

(1) 在"命令"窗口中输入命令: DELETE DATABASE 教学管理.dbc ↙。

(2) 打开"删除数据库"的确认对话框,如图 9.16 所示,单击"是"按钮,即可删除该数据库文件。

图 9.16 "删除数据库"确认对话框

9.1.6 在数据库中建立表

下面将在"教学管理.dbc"数据库中建立新表。
建立数据库表的方法如下。

1. 在项目管理器中建立新表

(1) 打开项目管理器,选择"数据"选项卡,单击"数据库"项前的+号,再单击"教学管理"选项前的+号,展开该数据库,最后选择"表"选项,单击右面的"新建"按钮,打开"新建表"对话框,如图 9.17 所示。

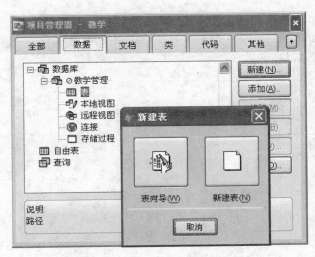

图 9.17　在项目管理器中新建表

　　(2) 单击"新建表"按钮,打开"创建"对话框,如图 9.18 所示,在该对话框中选择表保存的路径为"E:\教学管理"文件夹,在"输入表名"下拉列表框中输入"学生.dbf",单击"保存"按钮,打开"表设计器-学生.dbf"对话框。

图 9.18　"创建"对话框

　　(3) 在"表设计器-学生.dbf"对话框中设置字段和属性:在"名称"列内输入"学号","类型"选择"字符型","宽度"输入 10;在下一行的"名称"列内输入"姓名","类型"选择"字符型","宽度"输入 8;在下一行的"名称"列内输入"性别","类型"选择"字符型","宽度"输入 2;在下一行的"名称"列内输入"出生日期","类型"选择"日期型","宽度"输入 8;

在下一行的"名称"列内输入"系编号","类型"选择"字符型","宽度"输入2等。设置完成后表设计器如图9.19所示。

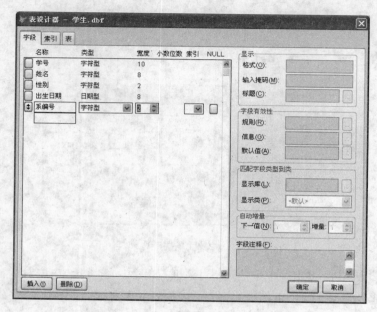

图 9.19　"表设计器-学生.dbf"对话框

2. 数据库设计器中建立新表

（1）使用项目管理器打开"教学管理.dbc"项目,这时会打开数据库设计器。

（2）在数据库设计器中空白处右击,在弹出的快捷菜单中选择"新建表"命令,如图9.20所示。或从 Visual FoxPro 系统的"数据库"菜单中选择"新建表"命令,在打开的表设计器中按照上面（3）中的方法定义字段和属性。

3. 命令方式

（1）在"命令"窗口中输入命令：OPEN DATABASE ↙,打开"选择数据库名："对话框,如图9.14所示。

（2）在该对话框中,设置"查找范围"为"教学管理"文件夹,选择"教学管理.dbc"数据库,单击"打开"按钮。

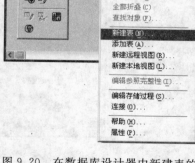

图 9.20　在数据库设计器中新建表的快捷菜单

（3）在"命令"窗口中输入命令：CREATE ↙,打开"创建"对话框,如图9.18所示,在"保存在"下拉列表框中选择"教学管理"文件夹,在"输入表名"下拉列表框中输入"学生.dbf",即可在"教学管理"数据库中创建"学生.dbf"

数据表。

9.1.7　向数据库中加入自由表

把"学生"表加入"教学管理"数据库中,可以使用以下方式。

1. 项目管理器方式

打开"教学管理.pjx"文件,在项目管理器中选择"数据"选项卡,单击"数据库"项前的
＋号,再单击"教学管理"选项,展开该数据库,最后选择"表"选项,单击右面的"添加"按
钮,打开"打开"对话框,从中选择"学生"表文件,单击"确定"按钮即可。加入"学生"表后
的项目管理器如图 9.21 所示。

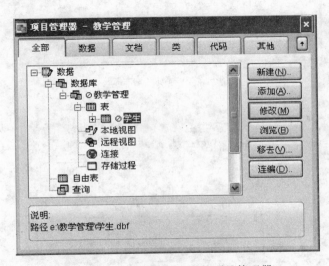

图 9.21　加入"学生"表后的项目管理器

2. 命令方式

在"命令"窗口中输入命令: ADD TABLE ↙,打开"添加"对话框,如图 9.22 所示,在
"查找范围"下拉列表框中选择"教学管理"文件夹,在"选择文件名"下拉列表框中输入"学
生.dbf",单击"确定"按钮,即可把"学生.dbf"表加入到"教学管理"数据库中。

9.1.8　从数据库中移去表

1. 项目管理器方式

在项目管理器中,单击"数据库"前的＋号,将数据库中的表展开,单击"教学管理"项
目前的＋号,将项目中的表展开,再单击"表"前的＋号,将所有的表展开,选中要移去的
表,然后单击右面的"移去"按钮,再在打开的对话框中单击"移去"按钮,如图 9.23 所示,
在打开的删除确认对话框中单击"删除"按钮,则在将该表移出本数据库的同时从磁盘上
将该表删除。

图 9.22　"添加"对话框

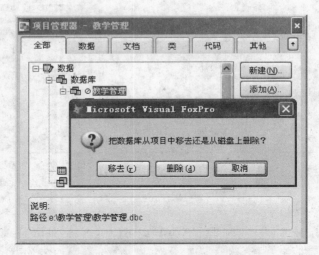

图 9.23　在项目管理器中移去数据库表

2. 数据库设计器方式

打开数据库设计器,右击表"学生.dbf",在弹出的快捷菜单中选择"删除"命令,在打开的删除确认对话框中单击"移去"按钮,如图 9.24 所示,则将该表移出"教学管理"数据库。

3. 命令方式

在"命令"窗口中输入命令:REMOVE TABLE ✓,打开"移去"对话框,如图 9.25 所示。在该对话框中选择"学生"表,单击"确定"按钮,即可把"学生"表从"教学管理"数据库中移去。

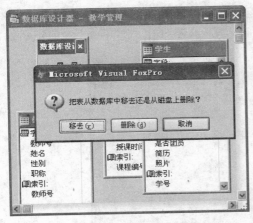

图 9.24　在数据库设计器中移去数据库表

图 9.25　"移去"对话框

9.1.9　数据库表的设置

1. 修改表的结构

在表设计器中,选择"学生.dbf"数据表,右击,在弹出的快捷菜单中选择"修改"命令,打开"表设计器"对话框,在其中增加字段:在"名称"列中输入"年龄",类型选择"数值型","宽度"输入 2;在下一行的"名称"列中输入"家庭住址",类型选择"字符型",宽度输入 10;在下一行的"名称"列中输入"家庭电话",类型选择"双精度型",宽度输入 8;在下一行的"名称"列中输入"是否团员",类型选择"逻辑型";在下一行的"名称"列中输入"简历",类型选择"备注型";在下一行的"名称"列中输入"照片",类型选择"通用型",如图 9.26 所示。

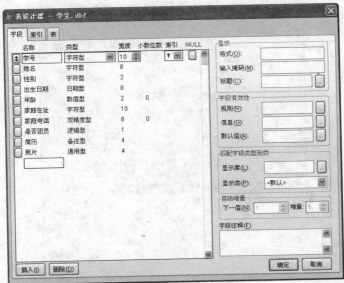

图 9.26　数据库的表设计器

2. 设置表属性

(1) 选择表设计器中的"表"选项卡,在"表名"文本框中,把"学生"表的别名设置为
s1,如图 9.27 所示。

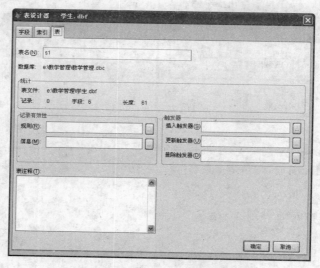

图 9.27　数据库表的表属性设置

(2) 单击"规则"文本框后的省略号,打开"表达式生成器"对话框,如图 9.28 所示。
在"表达式生成器"中的"有效性规则"文本框中输入"学号≠"""",单击"确定"按钮,返回表
设计器的"表"选项卡,在"信息"文本框中输入信息"该值不能为空"。

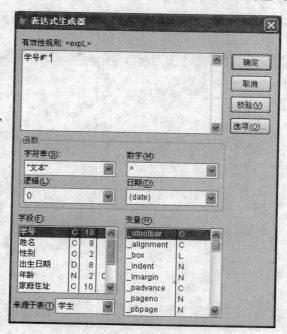

图 9.28　"表达式生成器"对话框

（3）输入表注释。

在表设计器的"表"选项卡的"表注释"编辑框中输入"该表用于存放学生基本情况信息"后，项目管理器的"说明"栏中就增加了备注信息："说明：该表用于存放学生基本情况信息"，如图 9.29 和图 9.30 所示。

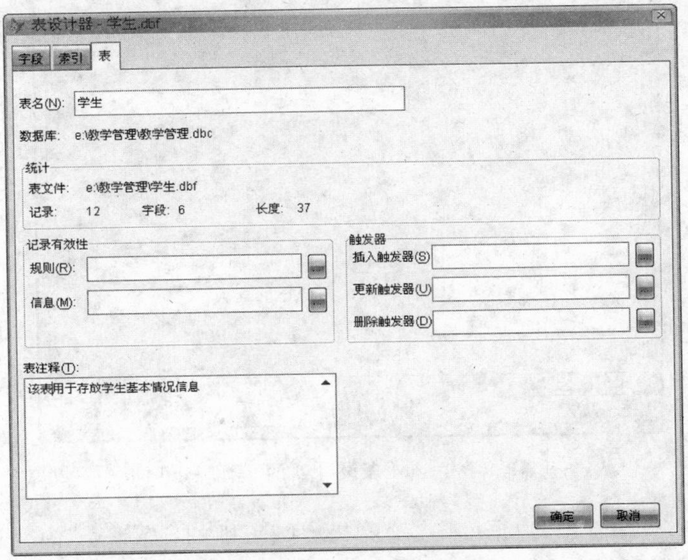

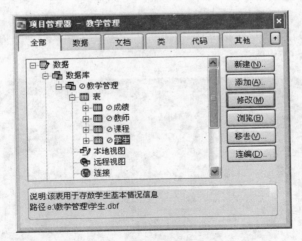

图 9.29　输入表注释信息

图 9.30　项目管理器中的表注释信息

9.1.10　数据库中表的关系

1. 创建永久关系

在"教学管理"数据库中"学生"表和"成绩"表具有一对多关系，建立两表的永久关系。

（1）在"教学管理"数据库设计器中，在"学生"表中右击，在弹出的快捷菜单中选择

"修改"命令,打开学生.dbf 的表设计器,在"字段"选项卡中的"学号"字段对应的"索引"列中选择"升序"选项,在"索引"选项卡中,把"学号"设置为"主索引",如图9.31所示。

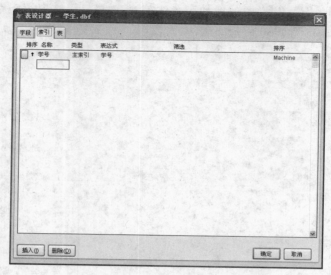

图9.31　学生.dbf 表设计器的"索引"选项卡

　　(2)同理,在"教学管理"数据库中,设置"教师"表中的"教师号"为普通索引、"成绩"表中的"学号"和"课程编号"为普通索引、"课程"表中的"课程编号"为普通索引。

　　(3)在"教学管理"数据库设计器中,将鼠标光标移到"学生"表的主索引"学号"上,拖动它到"成绩"表的索引关键字"学号"上,形成连线,关系建立完成。

　　(4)同理,在"教学管理"数据库中建立"学生"表、"成绩"表、"课程"表和"教师"表之间的永久关系,如图9.32所示。

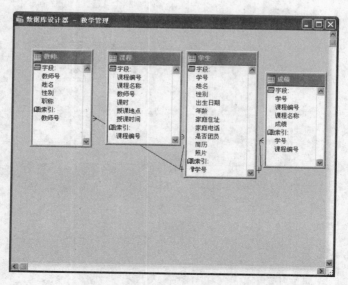

图9.32　建立永久关系

2．编辑关系

编辑"学生"表和"成绩"表之间的关系。

（1）右击"学生"表和"成绩"表之间的关系线，线条变粗。

（2）从弹出的快捷菜单中选择"编辑关系"命令，打开"编辑关系"对话框，如图 9.33 所示。

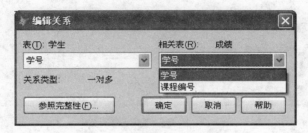

图 9.33 "编辑关系"对话框

（3）从"相关表"下拉列表框中选择"课程编号"选项，单击"确定"按钮。

3．删除关系

删除"学生"表和"成绩"表之间的关系。

（1）在数据库设计器中，单击"学生"表和"成绩"表之间的关系线，关系线变粗。

（2）按 Delete 键。

4．数据表间的参照完整性

（1）双击"学生"表和"课程"表之间的关系线，打开"编辑关系"对话框，单击"参照完整性"按钮，打开"参照完整性生成器"对话框。

（2）在如图 9.34 所示的"更新规则"选项卡中，选中"限制：如果子表中有相关记录则禁止更新"单选按钮。

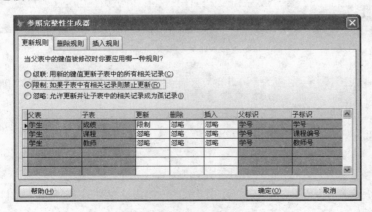

图 9.34 "更新规则"选项卡

（3）在如图 9.35 所示的"删除规则"选项卡中，选中"级联：删除所有子表中的相关记录"单选按钮。

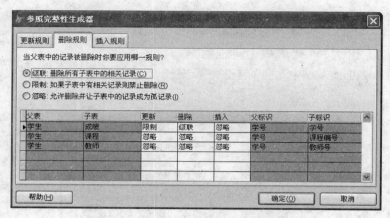

图 9.35 "删除规则"选项卡

(4) 在如图 9.36 所示的"插入规则"选项卡中,选中"限制:如果一个匹配键值不存在于父表中时禁止插入"单选按钮。

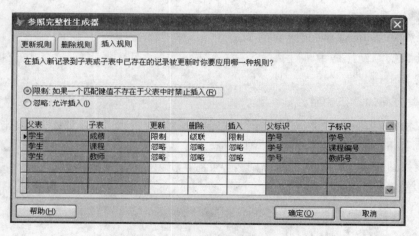

图 9.36 "插入规则"选项卡

(5) 单击"确定"按钮,完成设置,此时,打开参照完整性生成器的"保存确认"对话框,单击"是"按钮。

9.2 上机作业

1. 创建一个数据库(文件名为考生姓名的拼音字母)。

2. 利用 Visual FoxPro 创建两个自由表。一个是学生基本信息表(文件名为 XSXX.dbf),结构为:姓名(C,6)、考籍号(C,10)、入学日期(D,8)、党员(L、1)、备注(M,4)。另一个是学生成绩表(文件名为 XSCJ.dbf),结构为:姓名(C,6)、考籍号(C,12)、英语(N,3)、语文(N,3)、总分(N,3)、平均分(N,5,1)。表中的内容如下。

表 1：XSXX.dbf

姓名	考籍号	入学日期	党员	备　注
张三丰	Z910001001	09/01/06	是	他是一个优秀共产党员
王牌奔	Z910001002	09/01/06	否	他在奥运会上夺得两枚金牌
徐胡滤	Z910001003	09/01/06	是	他是一个优秀三好学生
胡萝卜	Z910001004	09/01/06	是	

表 2：XSCJ.dbf

姓名	考籍号	英语	计算机	语文	总分	平均分
张三丰	Z910001001	56	67	75		
王牌奔	Z910001002	76	75	56		
徐胡滤	Z910001003	67	67	86		
胡萝卜	Z910001004	87	78	65		

3. 将前面所创建的两个自由表添加到所创建的数据库中。

4. 以学生基本信息表的"考籍号"为主索引，其他表的"考籍号"为普通索引，建立表之间的永久关系。

5. 删除学生基本信息表和学生成绩表之间的永久关系。

6. 建立学生成绩表的普通索引为"姓名"和"考籍号"，以"考籍号"和学生基本信息表建立永久关系，再进行修改，以"姓名"和学生基本信息表建立永久关系。

实验 10　面向对象程序设计

实验目的

- 熟悉 Visual FoxPro 中的类与对象。
- 掌握类的创建。
- 掌握由类创建对象的方法。
- 掌握对象的引用。

10.1　实验内容及步骤

10.1.1　类的创建

1. 用菜单方式创建新类

【例 10.1】　创建一个名为 egform 的派生于 Form 类的新类，存放于 C:\mylib.vcx 中。给新类 egform 设置属性值，使其为固定大小的对话框，并且标题显示"我的第一个类"。最后为新类 egform 添加 Click 事件的方法代码,通过单击操作完成释放窗体的功能。

(1) 选择"文件"菜单中的"新建"命令,打开"新建"对话框,选中"类"文件类型后,单击"新建文件"按钮,打开"新建类"对话框。在"类名"文本框中输入类的名称 egform,在"派生于"下拉列表框中选择基类 Form,在"存储于"文本框中输入 C:\mylib.vcx(类保存在扩展名为.vcx 的类库文件中),如图 10.1 所示,单击"确定"按钮,打开"类设计器"窗口。

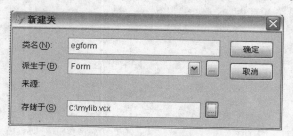

图 10.1 "新建类"对话框

(2) 在"类设计器"窗口中,设置属性 Caption 为"我的第一个类",设置属性BorderStyle 为"2-固定对话框",如图 10.2 所示。

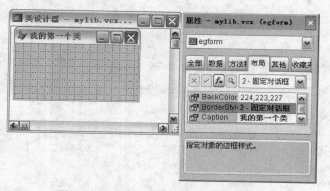

图 10.2 "类设计器"窗口及"属性"窗口

(3) 在"属性"窗口中选择 Click 方法名,打开代码编辑窗口。在代码编辑窗口中输入:ThisForm.Release,如图 10.3 所示。

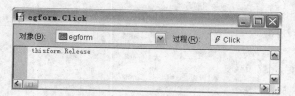

图 10.3 Click 事件代码编辑窗口

2. 用命令方式创建 egform 类

创建程序文件 egform.prg,编写如下程序代码并保存。

```
DEFINE CLASS egform AS Form
Height=90
Weight=200
Caption="我的第一个类"
BorderStyle="2-固定对话框"
FontSize=9
FontBold=.F.
PROCEDURE Click
ThisForm.Release
ENDPROCEDURE
ENDDEFINE
```

在"命令"窗口中执行该程序文件(DO egform. prg)即可完成。

3. 类属性的设置与修改

【例 10.2】 把创建的 egform 类的 Caption 属性改为 My Frist Class,再给其添加一个新属性 NewAttribute,可视性为"公共",默认初始值为. T. ,说明为"这是此类的新属性"。

(1) 选择"文件"菜单中的"打开"命令,在"打开"对话框中选择 mylib. vcx 文件并单击"确定"按钮,打开"打开"对话框,如图 10.4 所示。单击"打开"按钮,打开"类设计器"窗口,即可编辑 egform 类。

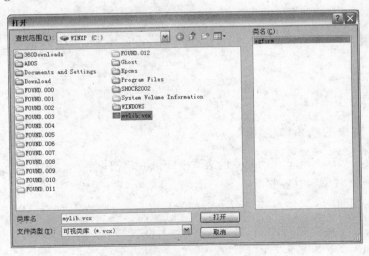

图 10.4 "打开"对话框

(2) 在"类设计器"窗口中,设置属性 Caption 为 My Frist Class,按 Enter 键确定。可以看到,类设计器中的 egform 类窗体标题变为 My Frist Class,如图 10.5 所示。

(3) 选择"类"菜单中的"新建属性"命令,打开"新建属性"对话框。在"名称"文本框中输入 NewAttribute;在"可视性"下拉列表框中选择"公共"选项;在"默认值/初始值"编辑框中输入. T. ;在"说明"编辑框中输入"这是此类的新属性",如图 10.6 所示。

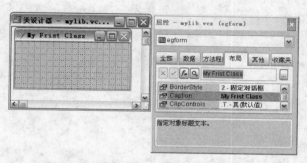

图 10.5　在"属性"窗口中修改类的属性　　　　　　　图 10.6　"新建属性"对话框

（4）在"新建属性"对话框中单击"添加"按钮，完成新属性的添加。这时，在"属性"窗口中的最后一行可以找到新添加的属性，如图 10.7 所示。

图 10.7　在"属性"窗口中查看新属性

10.1.2　对象的创建和使用

【例 10.3】　基于 Visual FoxPro 的表单类 Form 创建名为 Myform 的表单，更改其标题为"我的第一个对象"，并在屏幕上显示出来。

在"命令"窗口中依次输入并执行下列命令：

```
Myform=CreateObject("Form")
myform.Caption="我的第一个对象"
Myform.Show
```

10.2　上机作业

1. 创建一个派生于 CommandButton 类的新类，给新类取名并存放于 C：\mylib.vcx 中。

2. 给新类设置属性值，使其标题显示为 welcome，字号为 15 号。

3. 用命令方式创建上述新类。

实验 11　表 单 设 计

实验目的

- 熟悉表单设计环境。
- 掌握使用表单向导创建表单的方法。
- 掌握使用表单设计器创建表单的方法。
- 掌握使用数据环境设计器设置表单的数据环境的方法。
- 掌握常用表单控件的使用。

11.1　实验内容及步骤

说明：本实验中所用的数据库为实验 4 中所创建的"教学管理"数据库，所用的数据表为"教学管理"数据库中的数据表"学生.dbf"、"教师.dbf"、"选课.dbf"、"课程.dbf"、"系.dbf"。

11.1.1　用表单向导创建表单

1. 用表单向导创建单表表单

【例 11.1】 以"学生"表为数据源，利用表单向导建立表单"学生.scx"。

（1）选择"文件"菜单中的"新建"命令，打开如图 11.1 所示的"新建"对话框，在对话框中选择文件类型"表单"，单击"向导"按钮，打开"向导选取"对话框，如图 11.2 所示。

图 11.1　"新建"对话框

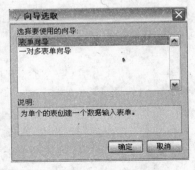

图 11.2　"向导选取"对话框

（2）在"向导选取"对话框中选择"表单向导"选项，单击"确定"按钮，打开"表单向导"对话框，如图11.3所示。

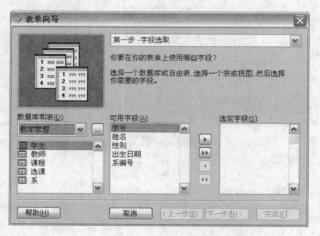

图11.3 "表单向导"对话框

（3）在"表单向导"对话框中选择"学生"表，将"学生"表中的所有字段添加到"选定字段"列表框中，如图11.4所示。

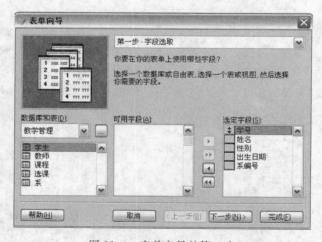

图11.4 表单向导的第一步

（4）单击"下一步"按钮，进入表单向导的第二步，设置表单样式为"标准式"，按钮类型为"文本按钮"，如图11.5所示。

（5）单击"下一步"按钮，进入表单向导的第三步，设置排序方式。从左边列表框中选择索引"学号"，单击"添加"按钮，实现按"学号"升序排序，如图11.6所示。

（6）单击"下一步"按钮，进入表单向导的第四步。输入表单标题"学生"，选择"保存并运行表单"选项，如图11.7所示，单击"完成"按钮，在"另存为"对话框中输入文件名"学生"，单击"确定"按钮，即完成表单的创建，并运行表单，结果如图11.8所示。

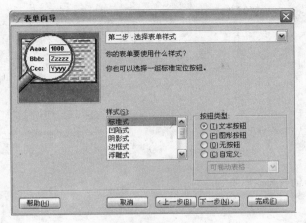

图 11.5 表单向导的第二步

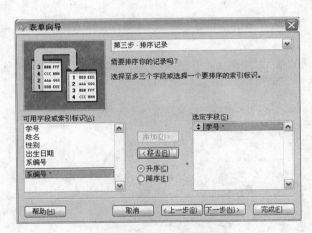

图 11.6 表单向导的第三步

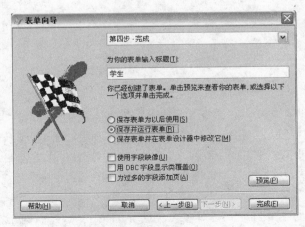

图 11.7 表单向导的第四步

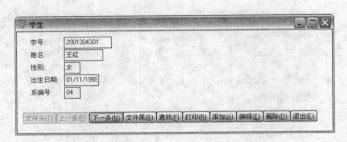

图 11.8　表单运行结果

2. 用表单向导创建一对多表单

【例 11.2】　在"教学管理"数据库中,创建"学生"表和"选课"表之间一对多的表单"学生选课信息.scx"。

(1) 选择"文件"菜单中的"新建"命令,打开如图 11.1 所示的"新建"对话框,在对话框中选择文件类型"表单",单击"向导"按钮,打开"向导选取"对话框,如图 11.2 所示。

(2) 在"向导选取"对话框中,选择"一对多表单向导"选项,单击"确定"按钮,打开"一对多表单向导"对话框,如图 11.9 所示。

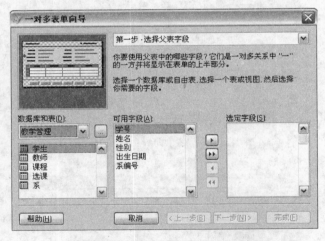

图 11.9　"一对多表单向导"对话框

(3) 在"一对多表单向导"对话框中选择"学生"表作为父表,将"学生"表中的"系编号"、"学号"、"姓名"字段添加到"选定字段"列表框中,如图 11.10 所示。

(4) 单击"下一步"按钮,进入一对多表单向导的第二步,在对话框中选择"选课"表作为子表,将"选课"表中的"课程编号"和"成绩"字段添加到"选定字段"列表框中,如图 11.11 所示。

(5) 单击"下一步"按钮,进入一对多表单向导的第三步,建立两个表的关联。在左边的下拉列表框中选择父表"学生"表的字段"学号",在右边的下拉列表框中选择子表"选课"表的字段"学号",如图 11.12 所示。

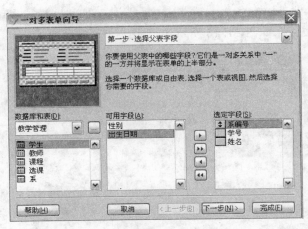

图 11.10 一对多表单向导的第一步

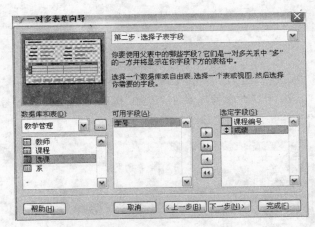

图 11.11 一对多表单向导的第二步

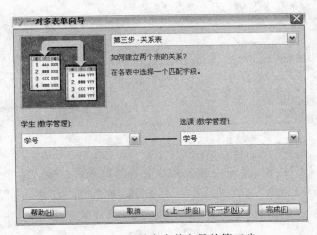

图 11.12 一对多表单向导的第三步

（6）单击"下一步"按钮，进入一对多表单向导的第四步。设置表单样式为"彩色式"，按钮类型为"图形按钮"，如图 11.13 所示。

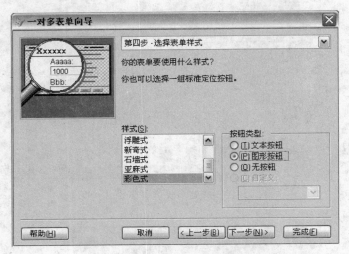

图 11.13　一对多表单向导的第四步

（7）单击"下一步"按钮，进入一对多表单向导的第五步，设置排序方式。从左边列表框中依次选择字段"系编号"和"学号"，单击"添加"按钮，实现按"系编号"升序排序，"系编号"相同时按"学号"升序排序，如图 11.14 所示。

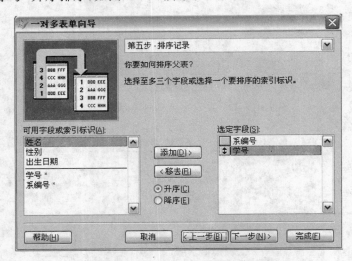

图 11.14　一对多表单向导的第五步

（8）单击"下一步"按钮，进入一对多表单向导的第六步。输入表单标题"学生选课信息"，选择"保存并运行表单"选项，如图 11.15 所示，单击"完成"按钮。在"另存为"对话框中输入文件名"学生选课信息"，单击"确定"按钮，即完成表单的创建，并运行表单，结果如图 11.16 所示。

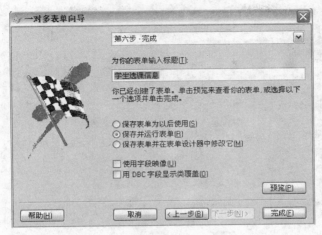

图 11.15 一对多表单向导的第六步

图 11.16 一对多表单运行结果

11.1.2 用表单设计器创建表单

1. 用表单设计器设计表单

【**例 11.3**】 创建表单"表单 1.scx",加入标签和命令按钮,单击命令按钮时可以显示
"Hello World!"。

(1) 选择"文件"菜单中的"新建"命令,在打开的"新建"对话框中选择文件类型"表
单",再单击"新建文件"按钮,打开"表单设计器"窗口。选择"显示"菜单中的"表单控件工
具栏"命令,打开"表单控件"工具栏,如图 11.17 所示。

(2) 在"表单控件"工具栏中单击"标签"控件,在窗体内适当位置拖放一个标签控件
Label1,右击标签控件 Label1,在弹出的快捷菜单中选择"属性"命令,打开"属性"窗口,在
"属性"窗口中删除此标签的 Caption 属性值,使其属性值为"无",设置此标签的 FontSize
属性值为 24。然后在"表单控件"工具栏中单击"命令按钮"控件,在窗体内适当位置拖放

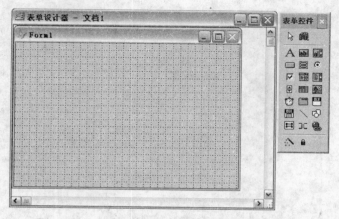

图 11.17 "表单设计器"窗口和"表单控件"工具栏

一个命令按钮控件 Command1,将其 Caption 属性值设置为"点此显示",如图 11.18
所示。

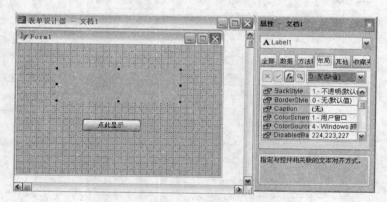

图 11.18 设计表单和"属性"窗口

(3) 在"表单设计器"窗口中双击命令按钮,在 Click 代码窗口内输入以下语句,如
图 11.19 所示。

```
ThisForm.Label1.Caption="Hello World!"
```

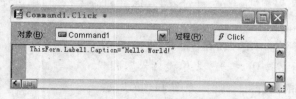

图 11.19 编辑命令按钮的代码

(4) 将表单保存为"表单 1.scx",然后选择"表单"菜单中的"执行表单"命令,运行表
单。此时,在表单中没有可显示的信息,单击"点此显示"命令按钮才会出现"Hello

World!"信息,如图 11.20 所示。

2. 用数据环境设计器设计表单

【**例 11.4**】 通过创建数据环境,设计并实现一个可以显示表中数据的表单,以"教学管理"数据库中的"课程"表为数据源。创建好的表单保存为"表单 2.scx",在其中可以按记录浏览与编辑。

(1) 选择"文件"菜单中的"新建"命令,在打开的"新建"对话框中选择文件类型"表单",再单击"新建文件"按钮,打开表单设计器。

图 11.20 表单 1 的运行结果

(2) 在"表单设计器"窗口中任一位置右击,在弹出的快捷菜单中选择"数据环境"命令打开"数据环境设计器"窗口,在打开的"添加表或视图"对话框中,选择数据源"课程"表,如图 11.21 所示,单击"添加"按钮。

图 11.21 创建数据环境

(3) 建立并设置对象的属性。在"数据环境设计器"窗口中依次将"课程"表中的各个字段拖动到表单中的适当位置,表单上就出现与各个字段相对应的标签和文本框。再在表单中适当位置添加 1 个标签和 4 个命令按钮,并设置所添加控件的布局属性,结果如图 11.22 所示。

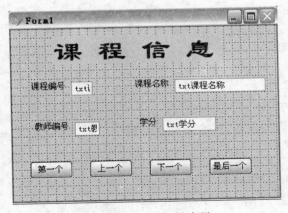

图 11.22 表单 2 的布局

（4）在表单设计器中依次双击各个命令按钮，在 Click 代码窗口内编写事件代码。
Command1（第一个）的 Click 事件代码如下：

```
GO TOP
ThisForm.Command2.Enabled=.F.
ThisForm.Command3.Enabled=.T.
ThisForm.Command4.Enabled=.T.
ThisForm.Refresh
```

Command2（上一个）的 Click 事件代码如下：

```
IF BOF()
GO TOP
This.Enabled=.F.
ELSE
SKIP-1
ThisForm.Command3.Enabled=.T.
ThisForm.Command4.Enabled=.T.
ThisForm.Refresh
IF BOF()
This.Enabled=.F.
ENDIF
ENDIF
ThisForm.Refresh
```

Command3（下一个）的 Click 事件代码如下：

```
IF EOF()
GO BOTTOM
This.Enabled=.F.
ELSE
SKIP
ThisForm.Command2.Enabled=.T.
IF EOF()
This.Enabled=.F.
ENDIF
ENDIF
ThisForm.Refresh
```

Command4（最后一个）的 Click 事件代码如下：

```
GO BOTTOM
ThisForm.Command2.Enabled=.T.
ThisForm.Command3.Enabled=.F.
ThisForm.Refresh
```

（5）将表单保存为"表单2.scx"，然后选择"表单"菜单中的"执行表单"命令，运行结果如图11.23所示。

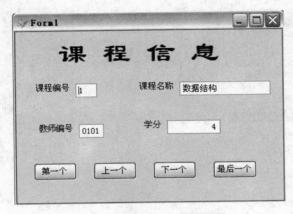

图11.23　表单2的运行结果

11.1.3　常用表单控件的使用

1. 标签、文本框和编辑框的使用

【**例11.5**】　创建如图11.25所示的"表单3.scx"。

（1）选择"文件"菜单中的"新建"命令，在打开的"新建"对话框中选择文件类型"表单"，再单击"新建文件"按钮，打开"表单设计器"窗口。

（2）在"表单设计器"窗口中任一位置右击，在弹出的快捷菜单中选择"数据环境"命令打开"数据环境设计器"窗口，在打开的"添加表或视图"对话框中，选择数据源"学生"表，单击"添加"按钮，添加表单数据源，如图11.24右侧所示。

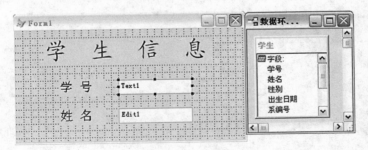

图11.24　表单3的布局和数据环境

（3）建立并设置对象的属性。在表单中适当位置添加3个标签、1个文本框（Text1）和1个编辑框（Edit1）。布局属性设置如图11.24左侧所示。

（4）建立控件与字段的关联。设置Text1的属性ControlSource为"学生.学号"，设置Edit1的属性ControlSource为"学生.姓名"。

（5）保存表单为"表单3.scx"，并运行表单。可以看到，Text1中显示了当前指针指向记录的学号,Edit1 中显示了当前指针指向记录的姓名,如图 11.25 所示。

图 11.25　表单 3 的运行结果

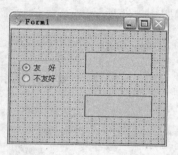

图 11.26　表单 4 的布局

2. 选项按钮组的使用

【例 11.6】　创建如图 11.27 所示的"表单 4.scx"。

(1) 选择"文件"菜单中的"新建"命令,在打开的"新建"对话框中选择文件类型"表单",再单击"新建文件"按钮,打开表单设计器。

(2) 在"表单设计器"窗口中的适当位置添加选项按钮组控件(OptionGroup1),并设置它的 ButtonCount 属性为 2,即指定有两个选项。在"属性"窗口的对象下拉列表中,依次选中 Option1 和 Option2,设置它们的 Caption 属性为"友好"和"不友好"。再添加两个标签,并设置它们的 Caption 属性为"无",设置它们的 BorderStyle 属性为"1-固定单线"。设置完成后表单 4 的布局效果如图 11.26 所示。

(3) 在"属性"窗口的对象下拉列表中选中 Option1,编辑它的 Click 事件代码,如下所示:

```
ThisForm.Label1.Caption="欢迎你!"
ThisForm.Label2.Caption=" "
```

选中 Option2,编辑它的 Click 事件代码,如下所示:

```
ThisForm.Label1.Caption=" "
ThisForm.Label2.Caption="请等待!"
```

选中 Form1,编辑它的 Init 事件代码,如下所示:

```
ThisForm.OptionGroup1.Value=0　&&选项按钮组控件(OptionGroup1)初始时不选择任何一项
```

图 11.27　表单 4 的运行结果

(4) 保存表单为"表单 4.scx",并运行表单。可以看到,选中第一项时显示"欢迎你!",如图 11.27 所示,选中第二项时显示"请等待!"。在某一时刻选项按钮组中只能有一项被选中。

3. 复选框的使用

【例 11.7】　创建如图 11.29 所示的"表单 5.scx"。

(1) 选择"文件"菜单中的"新建"命令,在打开的"新建"对话框中选择文件类型"表单",再单击"新建文件"按钮,打开表单设计器。

（2）在"表单设计器"窗口中的适当位置添加 4 个复选框控件（Check1～Check4），并设置它们的 AutoSize 属性为. T. ，FontBold 属性为. T. ，FontSize 属性为 16。依次设置它们的 Caption 属性为 &x、&（x+3）、&5、&y[0]。

（3）在"表单设计器"窗口中的适当位置再添加 3 个标签（Label1～Label3），并设置它们的 AutoSize 属性为. T. ，FontBold 属性为. T. ，FontSize 属性为 12。再设置 Label1 的 Caption 属性为"已知：int x；int y[10]；下列是合法的项目是（）"，设置 Label2 的 Caption 属性为"你的答案："，设置 Label3 的 Caption 属性为"无"。

（4）在"表单设计器"窗口中的适当位置再添加 1 个命令按钮（Command1），设置 Command1 的 Caption 属性为"完成选择"，FontBold 属性为. T. ，FontSize 属性为 12。以上几步做完后，表单的 5 布局如图 11.28 所示。

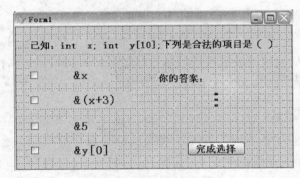

图 11.28　表单 5 的布局

（5）在"属性"窗口的对象下拉列表中选中命令按钮（Command1），编辑它的 Click 事件代码，如下所示：

```
IF ThisForm.Check1.Value=1 AND ThisForm.Check4.Value=1 AND;
ThisForm.Check2.Value=0 AND ThisForm.Check3.Value=0
    ThisForm.Label3.Caption="正确"
ELSE
    ThisForm.Label3.Caption="错误"
ENDIF
```

（6）保存表单为"表单 5. scx"，并运行表单。可以看到，同时选中第一项和第四项时，单击"完成选择"按钮后，显示"正确"；否则，单击"完成选择"按钮后，显示"错误"。多个选项可以同时被选中，如图 11.29 所示。

4. 列表框和组合框的使用

【例 11.8】　创建如图 11.31 所示的"表单 6. scx"。

（1）选择"文件"菜单中的"新建"命令，在弹出的打开的"新建"对话框中选择文件类型"表单"，再单击"新建文件"按钮，打开表单设计器。

（2）在"表单设计器"窗口中的任意位置右击，在弹出的快捷菜单中选择"数据环境"命令打开"数据环境设计器"窗口，在打开的"添加表或视图"对话框中，选择数据源"学生"

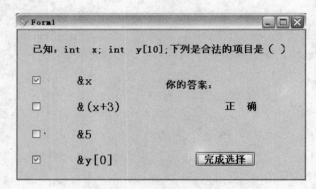

图 11.29　表单 5 的运行结果

表,单击"添加"按钮,添加表单数据源。

　　(3) 在"表单设计器"窗口中的适当位置添加 1 个列表框(List1),并设置它的 ColumnCount 属性为 2,使其显示两列信息;设置 RowSourceType 属性为"6-字段",再设置 RowSource 属性为"学生.姓名,性别",把"学生"表中的"姓名"字段和"性别"字段对应到列表框的两列。

　　(4) 在"表单设计器"窗口中的适当位置添加 1 个组合框(Combo1),并设置它的 RowSourceType 属性为"6-字段",再设置 RowSource 属性为"学生.姓名",把"学生"表中的"姓名"字段对应到组合框。

　　(5) 在"表单设计器"窗口中的适当位置再添加 1 个命令按钮(Command1),设置它的 Caption 属性为"退出"。以上几步做完后,表单的布局如图 11.30 所示。

　　(6) 在"属性"窗口的对象下拉列表中选中命令按钮(Command1),编辑它的 Click 事件代码,如下所示:

```
ThisForm.Release
```

　　(7) 保存表单为"表单 6.scx",并运行表单。可以看到,在左边列表框中的显示"学生"表中的"姓名"和"性别"两列内容,在右边的下拉列表框中显示"学生"表中的"姓名"字段内容供选择,如图 11.31 所示。单击"退出"按钮后,退出表单。

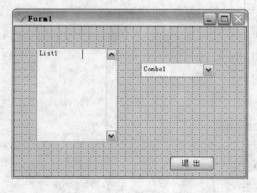

图 11.30　表单 6 的布局

图 11.31　表单 6 的运行结果

5．表格、命令按钮组和页框的使用

【**例 11.9**】 创建如图 11.38 和图 11.39 所示的"表单 7.scx"。

（1）选择"文件"菜单中的"新建"命令，在打开的"新建"对话框中选择文件类型"表单"，再单击"新建文件"按钮，打开表单设计器。

（2）在"表单设计器"窗口中的任意位置右击，在弹出的快捷菜单中选择"数据环境"命令打开"数据环境设计器"窗口，在打开的"添加表或视图"对话框中，选择数据源"学生"表和"选课"表，单击"添加"按钮，添加表单数据源。

（3）在"表单设计器"窗口中的适当位置添加 1 个页框（PageFrame1），并设置它的 PageCount 属性为 2，使其包括两个选项卡，如图 11.32 所示。

（4）在"属性"窗口中选中页框（PageFrame1）的第一个选项卡（Page1），在 Page1 上添加一个表格控件（Grid1），如图 11.33 所示。在 Grid1 上的任意位置右击，在弹出的快捷菜单中选择"生成器"命令，打开"表格生成器"对话框，如图 11.34 所示。在"表格生成器"对话框中设置表格项为"教学管理"数据库中"学生"表的全部字段，表格样式为"细纹纸"，再设置表格布局，并设置每列字段的控件类型都为 TextBox。

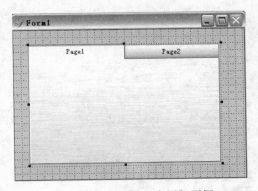

图 11.32 在表单 7 中添加页框

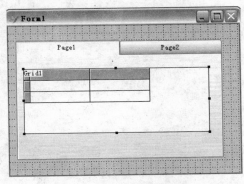

图 11.33 在页框中添加表格控件

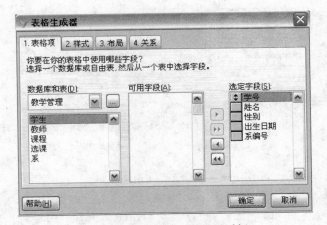

图 11.34 "表格生成器"对话框

（5）按（4）中的方法在 Page2 上添加一个表格控件（Grid1），打开"表格生成器"对话框。在"表格生成器"对话框中设置表格项为"教学管理"数据库中"选课"表的全部字段，表格样式为"标准型"，再设置表格布局，并设置每列字段的控件类型都为TextBox。

（6）设置两表之间关系。在 Page1 的 Grid1 控件的"表格生成器"对话框中选择第 4 个选项卡，设置子表关系的索引为"学号"；在 Page2 的 Grid1 控件的"表格生成器"对话框中选择第 4 个选项卡，设置父表中的关键字段为"学生.学号"，子表中的关系索引为"学号"，这样建立好"学生"表和"选课"表之间的一对多关系，如图 11.35 和图 11.36所示。

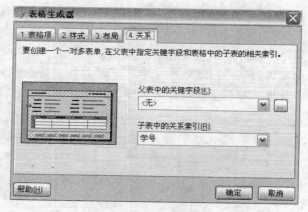

图 11.35　Page1 中"学生"表的关系设置

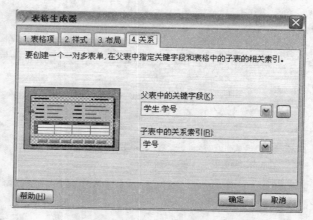

图 11.36　Page2 中"选课"表的关系设置

（7）在页框（PageFrame1）的第一个选项卡（Page1）中再添加 1 个命令按钮组（CommandGroup1），在"属性"窗口的对象下拉列表中选中命令按钮组（CommandGroup1），右击此控件，打开"命令按钮组生成器"对话框，在"按钮"选项卡中设置按钮数为 4，设置每个按钮的标题分别为"第一个"、"上一个"、"下一个"和"最后一个"；在"布局"选项卡中设置按钮布局为"横向"，如图 11.37 所示。

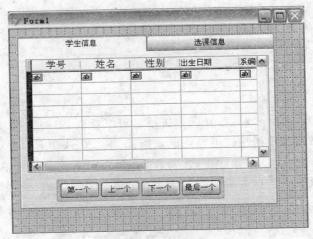

图 11.37　表单 7 的布局

（8）双击命令按钮组（CommandGroup1），编辑它的 Click 事件代码，如下所示：

```
DO CASE
CASE This.Value=1                    &&Value 属性指明单击了哪个按钮
    GO TOP
    This.Command2.Enabled=.F.
    This.Command3.Enabled=.T.
    This.Command4.Enabled=.T.
    ThisForm.Refresh                 && 调用表单的 Refresh 方法，更新字段的显示
CASE This.Value=2
    SKIP-1
    This.Command3.Enabled=.T.
    This.Command4.Enabled=.T.
    IF BOF()
      GO TOP
      This.Command2.Enabled=.F.
    ENDIF
    ThisForm.Refresh
CASE This.Value=3
    SKIP
    IF EOF()
        GO BOTTOM
        This.Command3.Enabled=.F.
    ENDIF
    This.Command2.Enabled=.T.
    This.Command3.Enabled=.T.
    This.Command4.Enabled=.T.
    ThisForm.Refresh
```

```
CASE This.Value= 4
    GO BOTTOM
    This.Command2.Enabled= .T.
    This.Command3.Enabled= .F.
    ThisForm.Refresh
ENDCASE
```

（9）保存表单为"表单7.scx"，并运行表单。可以看到，第一个选项卡中显示"学生"表内容，单击命令按钮组中的按钮可移动记录指针；第二个选项卡中显示与"学生"表当前记录相关的"选课"表内容。例如，第一选项卡中的"学生"表记录指针位于第一条记录时，如图11.38所示，第二个选项卡中显示"学生"表中第一个学生的"选课"情况，如图11.39所示。

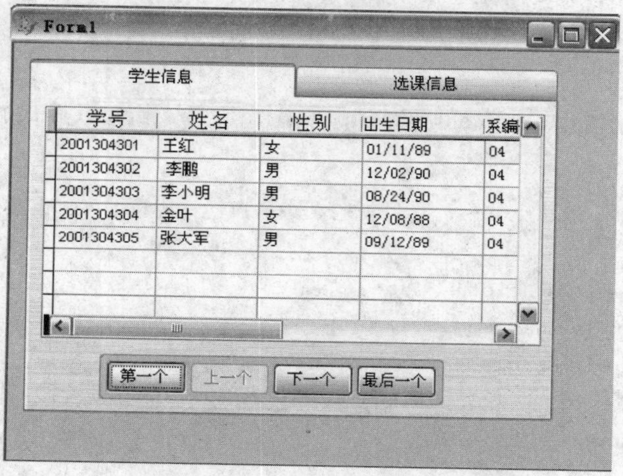

图 11.38　表单 7 的运行结果——选项卡 1

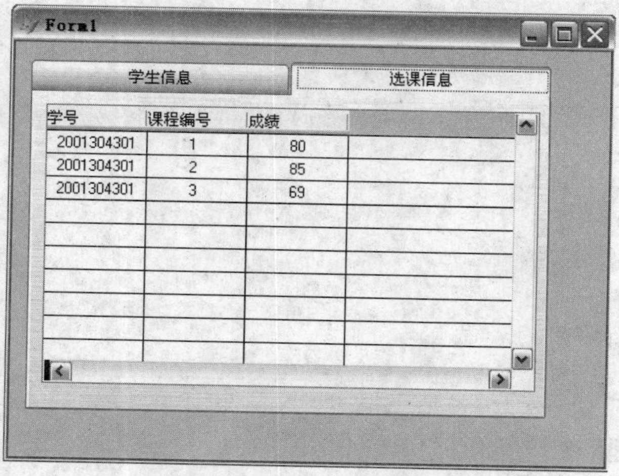

图 11.39　表单 7 的运行结果——选项卡 2

11.2　上机作业

1. 以"系"表为数据源,利用向导建立表单"系.scx"。

2. 在"教学管理"数据库中,利用向导创建"教师"表和"选课"表之间的一对多表单"教师授课信息.scx"。

3. 使用标签控件、选项按钮组控件和复选框控件,创建如图 11.40 所示的表单。

4. 修改上机作业 3,使"粗体"和"下划线"的选择功能用列表框控件实现;使字体的选择功能用组合框控件实现。

5. 通过创建数据环境,使用 Grid 控件,设计并实现一个可以显示表中数据的表单,以"教学管理"数据库中的"系"表为数据源。创建好后,在表单中可以按记录浏览与编辑。

6. 设计并实现一个表单,使用页框控件,使表单包含 5 个选项卡,可显示实验 4 中创建的"教学管理"数据库中的 5 个表的内容,并使表与表之间能关联显示。在每个选项卡中,都使用命令按钮组控件,实现记录指针的移动。

图 11.40　上机作业 3 实现的表单

实验 12　菜　单　设　计

实验目的

- 熟悉菜单设计器。
- 熟练掌握利用菜单设计器创建菜单、子菜单、快捷菜单的方法。
- 掌握指定菜单所要执行的任务的方法。
- 掌握菜单程序文件的组成结构。
- 掌握设计菜单的快捷键及使用快捷键的方法。

12.1　实验内容及步骤

12.1.1　利用菜单设计器创建普通菜单

【例 12.1】　利用菜单设计器创建一个菜单系统,菜单栏中包括 4 个主菜单:教师基本情况、学生基本情况、学生选课情况、退出系统,并且分别设置键盘访问键为 S、X、K、Q。

(1) 在"文件"菜单中选择"新建"命令,或直接单击工具栏中的"新建"按钮,打开"新建"对话框。选中"菜单"单选按钮,并单击"新建文件"按钮,打开"新建菜单"对话框,如图 12.1 所示。

(2) 单击"菜单"按钮,打开"菜单设计器"对话框,默认菜单名为"菜单 1",如图 12.2 所示。

图 12.1 "新建菜单"对话框

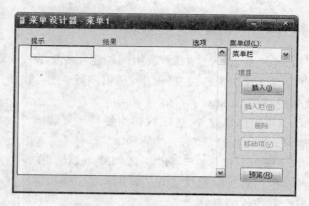

图 12.2 "菜单设计器"对话框

（3）在"提示"列中输入"教师基本情况(\<S)"，在"结果"列的下拉列表框中选择"子菜单"选项。

（4）在下一行的"提示"列中输入"学生基本情况(\<X)"，在"结果"列的下拉列表框中选择"子菜单"选项。

（5）在下一行的"提示"列中输入"学生选课情况(\<K)"，在"结果"列的下拉列表框中选择"子菜单"选项。

图 12.3 提示保存对话框

（6）在下一行的"提示"列中输入"退出系统(\<Q)"，在"结果"列的下拉列表框中选择"命令"选项，在"选项"列中输入 QUIT。

（7）单击"菜单设计器"对话框上的"关闭"按钮，打开如图 12.3 所示的对话框，单击"是"按钮，或选择"文件"菜单中的"保存"或"另存为"命令，直接打开"另存为"对话框，如图 12.4 所示。

图 12.4 "另存为"对话框

（8）从"保存在"下拉列表框中选择"教学管理"文件夹，在"保存菜单为"下拉列表框中输入"学生管理系统"，从"保存类型"下拉列表框中选择"菜单（＊.mnx）"选项。

（9）单击"保存"按钮，然后从系统菜单"菜单"中选择"生成"命令，打开"生成菜单"对话框。

（10）单击"输出文件"文本框右侧的 ▦ 按钮，打开"另存为"对话框，从"保存为"下拉列表框中选择"教学管理"文件夹，"输入输出程序"默认为"学生管理系统.mpr"，单击"保存"按钮后，"生成菜单"对话框如图12.5所示，单击"生成"按钮。

图12.5　"生成菜单"对话框

（11）单击"关闭"按钮，关闭"菜单设计器"对话框。

（12）在"命令"窗口中输入命令：DO E:\教学管理\教学管理系统.mpr，运行结果如图12.6所示。

图12.6　"学生管理系统"菜单运行结果

【例12.2】　在例12.1创建的主菜单基础上创建子菜单，要求是：在"教师基本情况"菜单中包括子菜单"教师编号"、"教师姓名"、"系编号"，分别为它们指定键盘快捷键Ctrl＋H、Ctrl＋B、Ctrl＋C，并且在"系编号"前加菜单分隔符；在"学生基本情况"菜单中包括子菜单"学号"、"姓名"、"性别"、"出生日期"；"学生选课情况"菜单中包括子菜单"学号"、"课程编号"、"成绩"。

（1）在"文件"菜单中选择"打开"命令，或直接单击工具栏中的"打开"按钮，打开"打开"对话框，如图12.7所示。

（2）在"查找范围"下拉列表框中选择"教学管理"文件夹，在"文件类型"下拉列表框中选择"菜单（＊.mnx）"选项，从显示的文件中选择"学生管理系统.mnx"，单击"确定"按钮或双击"学生管理系统.mnx"文件，打开"菜单设计器"对话框，如图12.8所示。

（3）单击"教师基本情况（\＜S）"子菜单右侧的"创建"按钮，"菜单级"下拉列表框中变为"新菜单项"选项，如图12.9所示。

图 12.7 "打开"对话框

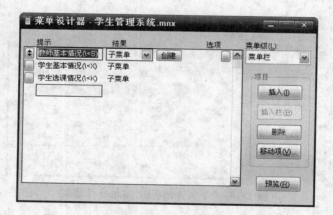

图 12.8 学生管理系统的"菜单设计器"对话框

图 12.9 创建新菜单项

（4）采用与建立主菜单相同的方式，在"提示"列中依次输入"教师编号"、"教师姓名"、"\－"、"系编号"，如图 12.10 所示。

（5）在"教师编号"菜单项一行中单击"选项"列中的按钮，打开"提示选项"对话框，如图 12.11 所示。

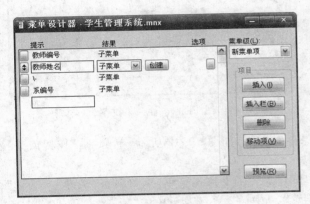

图 12.10 子菜单界面

图 12.11 "提示选项"对话框

（6）单击"键标签"文本框，按 Ctrl＋H 组合键，单击"确定"按钮，返回图 12.10 所示的界面。

（7）再分别单击"教师姓名"、"系编号"菜单项右侧的"选项"列中的按钮，在打开的"提示选项"对话框的"键标签"文本框中按 Ctrl＋B、Ctrl＋C 组合键。

（8）在"菜单级"下拉列表框中选择"菜单项"选项，返回到图 12.8 所示的菜单设计界面。

（9）重复（3）、（4）步，为"学生基本情况(\<X)"菜单添加"学号"、"姓名"、"性别"、"出生日期"菜单项；为"学生选课情况(\<K)"菜单添加"学号"、"课程编号"、"成绩"菜单项。

（10）单击"菜单设计器"对话框中的"关闭"按钮，打开提示保存对话框，如图 12.12 所示，单击"是"按钮或直接选择"文件"菜单中的"保存"命令。

图 12.12 提示保存对话框

【**例 12.3**】 将系统菜单中的"新建"、"打开"、"关闭"、"保存"、"另存为"、"退出"6 个菜单项插入例 12.2 创建的"教师基本情况"子菜单中。

（1）在菜单设计器中打开"学生管理系统"菜单，如图 12.8 所示。

（2）单击"教师基本情况"菜单后面的"编辑"按钮，打开如图 12.10 所示的界面，选择"教师编号"菜单项，单击"插入栏"按钮，打开"插入系统菜单栏"对话框，如图 12.13 所示。

（3）依次选择"新建"、"打开"、"关闭"、"保存"、"另存为"、"退出"选项,分别单击"插入"按钮插入子菜单中,插入结束后,单击"关闭"按钮,结果如图 12.14 所示。

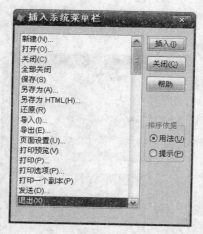

图 12.13　"插入系统菜单栏"对话框

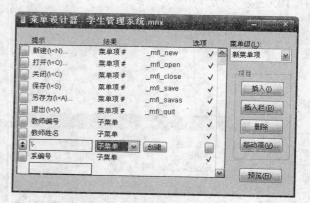

图 12.14　插入系统菜单

（4）单击"关闭"按钮,打开提示保存对话框,如图 12.12 所示,单击"是"按钮或直接选择"文件"菜单中的"保存"命令。

【例 12.4】 为顶层表单"学生管理"建立一个下拉式菜单,菜单项有"文件"、"编辑"、"信息录入"、"查询"、"退出"。在"文件"菜单中插入系统菜单中的"新建"、"打开"、"关闭"菜单项,在"编辑"菜单中插入系统菜单中的"剪切"、"复制"、"粘贴"菜单项。

（1）创建一个"学生管理系统"的表单。

（2）将"学生管理系统"表单的 ShowWindow 属性值设置为 2,使之成为顶层表单。

（3）以新建方式打开菜单设计器。选择"显示"菜单中的"常规选项"命令,在打开的对话框中选中"顶层表单"复选框,如图 12.15 所示,将菜单设置于顶层表单之中。单击"确定"按钮返回到菜单设计器。

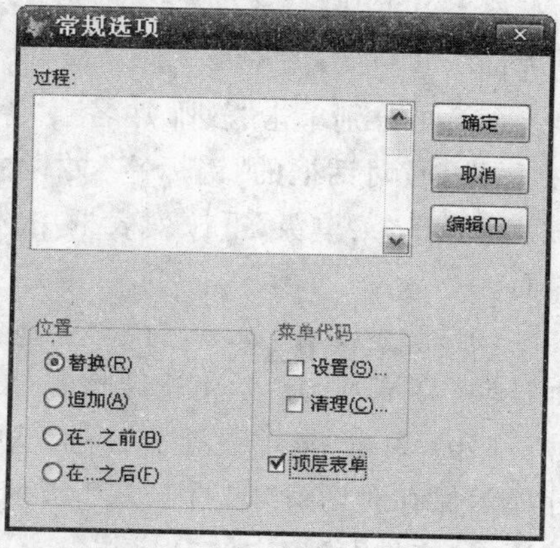

（4）按照例 12.1,利用菜单设计器分别建立"文件"、"编辑"、"信息录入""查询"、"退出"几个菜单项。

图 12.15　"常规选项"对话框

（5）单击"文件"菜单项后面的"创建"按钮建立下拉菜单,然后单击"插入栏"按钮,打开"插入系统菜单栏"对话框,如图 12.13 所示。

（6）分别选择"新建"、"打开"、"关闭"选项,单击"插入"按钮,插入完成后,单击"关闭"按钮。

（7）重复第（5）、（6）步,向"编辑"菜单中插入系统菜单中的"剪切"、"复制"、"粘贴"几个菜单项。

（8）在系统菜单"菜单"中选择"生成"命令,打开"生成菜单"对话框,输入文件名"学生管理.mpr",单击"生成"按钮,生成菜单程序文件。

(9)在"学生管理"表单的 Init 事件代码中添加调用菜单程序的命令:

```
DO 学生管理.mpr WITH ThisForm
```

(10)在"表单"菜单中选择"执行表单"命令,结果如图 12.16 所示。

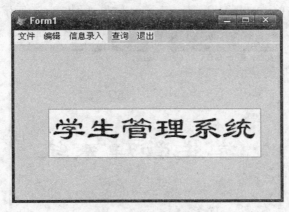

图 12.16　为顶层表单添加菜单

12.1.2　利用菜单设计器创建快捷菜单

【例 12.5】　为"学生管理系统"表单建立一个快捷菜单,其中的菜单项有"浏览"、"剪切"、"复制"和"粘贴"。

(1)在"文件"菜单中选择"新建"命令,或直接单击工具栏中的"新建"按钮,打开"新建"对话框。选择"菜单"单选按钮,并单击"新建文件"按钮,打开"新建菜单"对话框,如图 12.1 所示。

(2)单击"快捷菜单"按钮,打开"快捷菜单设计器"对话框,与菜单设计相同,定义快捷菜单中各菜单项的内容。

(3)从"显示"菜单中选择"菜单选项"命令,打开"菜单选项"对话框,在"名称"文本框中输入快捷菜单的内部名称 kjcd 后,单击"确定"按钮。

(4)选择"菜单"菜单中的"生成"命令,在打开的对话框中单击"是"按钮后,打开"生成菜单"对话框,单击"生成"按钮,生成快捷菜单程序文件 kjcd.mpr。

(5)从"显示"菜单中选择"常规选项"命令,打开"常规选项"对话框,选中"设置"复选框,单击"确定"按钮,打开"设置"代码编辑窗口,在其中输入接收参数语句:

```
PARAMETERS mfRef
```

(6)从"显示"菜单中选择"常规选项"命令,打开"常规选项"对话框,选中"清理"复选框,单击"确定"按钮,打开"清理"代码编辑窗口,在其中输入清除快捷菜单的命令:

```
RELEASE POPUPS kjcd
```

之后,单击"关闭"按钮。

(7) 打开"学生管理系统"表单,在其 RightClick 事件代码中添加调用快捷菜单程序的命令:

```
DO kjcd.mpr WITH ThisForm
```

(8) 在"表单"菜单中选择"执行表单"命令,结果如图 12.17 所示。

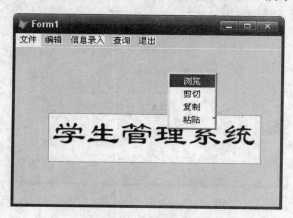

图 12.17   表单的快捷菜单

12.2   上机作业

1. 设计一个学生成绩管理系统菜单,菜单和子菜单名称及要求如表 12.1 所示。

表 12.1   学生管理系统菜单

菜单名称	子菜单名称	说明及要求
数据输入	学生名单输入	快捷键 Ctrl+R
	学生成绩输入	
	课程名称输入	
数据编辑	重做	系统菜单项
	复制	
	剪切	
	粘贴	
数据查询	按姓名查询	快捷键 Ctrl+S
	按班级查询	
	按课程查询	
数据统计	统计个人平均成绩	快捷键 Ctrl+C
	统计班级平均成绩	

2. 设计一个学生成绩管理的顶层表单,将第 1 题设计的菜单加载到顶层表单上。

3. 为学生成绩管理表单添加一个快捷菜单,其中的菜单项有"查询"、"统计"、"复制"和"粘贴"。

实验 13 报表与标签设计

实验目的

- 掌握报表与标签的创建方法。
- 掌握用报表向导创建简单的单表报表或多表报表的方法。
- 掌握用报表设计器修改已有的报表或创建自己的报表的方法。
- 掌握用标签设计器创建与修改标签的方法。

13.1 实验内容及步骤

建立"学生基本情况表.dbf"和"学生成绩表.dbf"两个表文件,并且将它们添加到"学生管理"数据库中,它们的结构和部分记录分别如表 13.1~表 13.4 所示。

表 13.1 "学生基本情况表.dbf"结构

字段名称	类型	宽度	小数位数
学号	字符型	10	
姓名	字符型	8	
性别	字符型	2	
出生日期	日期型	8	
专业	字符型	14	
家庭住址	字符型	14	
是否团员	逻辑型	1	

表 13.2 "学生成绩表.dbf"结构

字段名称	类型	宽度	小数位数
学号	字符型	10	
姓名	字符型	8	
性别	字符型	2	
专业	字符型	14	
高等数学	数值型	3	
哲学	数值型	3	

字段名称	类型	宽度	小数位数
思想品德	数值型	3	
政治	数值型	3	
英语	数值型	3	
物理	数值型	3	
大学语文	数值型	3	

表 13.3　"学生基本情况表.dbf"中的部分记录

学号	姓名	性别	出生日期	专业	家庭住址	是否团员
20080101	王可	男	03/05/1990	计算机	西安市	.T.
20080103	李秀丽	女	05/06/1991	计算机	上海市	.T.
20080201	刘吉	男	08/09/1992	英语	西安市	.F.
20080204	田家炳	男	12/25/1991	英语	北京市	.T.
20080102	毛荣秀	女	06/22/1990	计算机	天津市	.F.
20080302	王光明	男	07/20/1991	自动化	西安市	.F.
20080104	李如意	女	01/30/1990	计算机	上海市	.T.
20080203	刘兵	男	02/20/1992	英语	天津市	.T.
20080301	张小小	女	03/03/1991	自动化	北京市	.T.
20080202	赵月	女	05/05/1992	英语	天津市	.T.

表 13.4　"学生成绩表.dbf"中的部分记录

学号	姓名	性别	专业	高等数学	哲学	思想品德	政治	英语	物理	大学语文
20080101	王可	男	计算机	78	88	90	90	78	86	86
20080103	李秀丽	女	计算机	79	86	92	92	90	76	82
20080201	刘吉	男	英语	85	89	85	85	88	74	80
20080204	田家炳	男	英语	68	92	87	87	78	70	78
20080102	毛荣秀	女	计算机	87	90	78	78	75	65	79
20080302	王光明	男	自动化	82	93	68	68	88	66	90
20080104	李如意	女	计算机	66	87	77	77	86	69	81
20080203	刘兵	男	英语	71	76	75	75	68	86	83
20080301	张小小	女	自动化	73	75	71	71	69	78	70
20080202	赵月	女	英语	90	70	70	70	66	70	78

13.1.1　利用报表向导建立报表文件

【例 13.1】　利用报表向导为"学生基本情况表"建立报表文件。

（1）选择"文件"菜单中的"打开"命令，打开"打开"对话框，在"查找范围"下拉列表框中选择"教学管理"文件夹，在"文件类型"下拉列表框中选择"表"选项，选择显示区中的"学生基本情况表.dbf"，单击"确定"按钮，打开"学生基本情况表.dbf"。

（2）选择"文件"菜单中的"新建"命令，打开"新建"对话框。

（3）在"文件类型"列表中选择"报表"选项，单击"向导"按钮，打开"向导选取"对话框，如图 13.1 所示，选择"报表向导"选项，单击"确定"按钮。

（4）打开"第一步-字段选取"对话框，在"数据库和表"列表框中单击"学生基本情况表"选项，之后再双击"可用字段"列表框中的"学号"、"姓名"、"性别"、"出生日期"、"专业"、"家庭住址"选项，如图 13.2 所示，或单击需要的字段后再单击中间的 ▶ 按钮。字段全部选取后，单击"下一步"按钮。

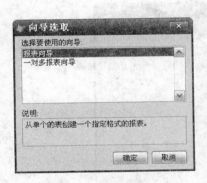

图 13.1　"向导选取"对话框

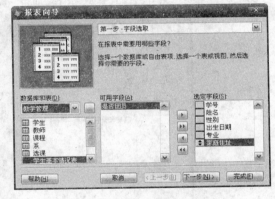

图 13.2　"报表向导"对话框

（5）在"第二步-分组记录"对话框中直接单击"下一步"按钮。

（6）在"第三步-选择报表样式"对话框中选择"经营式"选项，单击"下一步"按钮。

（7）在"第四步-定义报表布局"对话框中设置字段布局为"列"，单击"下一步"按钮。

（8）在"第五步-排序记录"对话框中直接单击"下一步"按钮。

（9）在"第六步-完成"对话框中单击"预览"按钮，报表预览结果如图 13.3 所示，单击"关闭"按钮，返回到"第六步-完成"对话框，单击"完成"按钮，打开"另存为"对话框。

（10）从"保存在"下拉列表框中选择"教学管理"文件夹，在"保存报表为"下拉列表框中输入"学生基本情况表.frx"，单击"保存"按钮。

13.1.2　利用报表设计器建立报表文件

【例 13.2】　创建"学生基本情况表"的快速报表。

（1）选择"文件"菜单中的"新建"命令，在"新建"对话框中选中"报表"单选按钮，再单

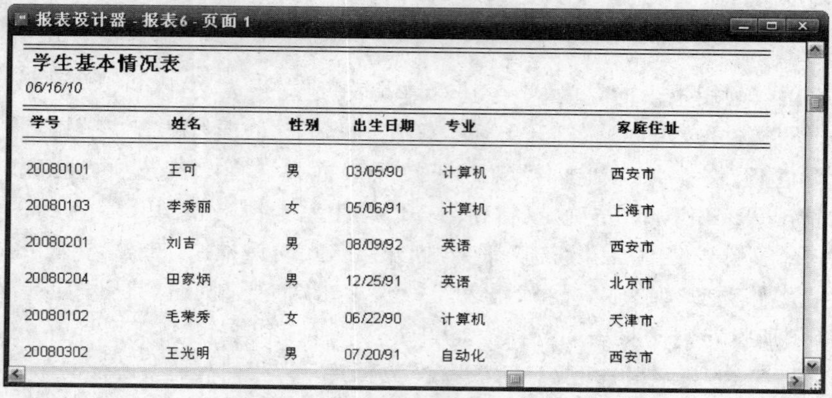

图 13.3　报表预览结果

击"新建文件"按钮,打开"报表设计器"窗口。

（2）选择"报表"菜单中的"快速报表"命令,打开"打开"对话框,如图 13.4 所示。

图 13.4　"打开"对话框

（3）从中选择"学生基本情况表"数据表,再单击"确定"按钮,打开如图 13.5 所示的"快速报表"对话框。

（4）选择默认的"字段布局"图形按钮,其余复选框按默认选择,单击"字段"按钮,打开"字段选择器"对话框,如图 13.6 所示。

（5）在"字段选择器"对话框的"所有字段"列表框中单击"学号"字段,并单击"移动"按钮,之后再依次选择"姓名"、"性别"、"出生日期"、"专业"、"是否团员"字段并移动到右侧的"选定字段"列表框中,单击"确定"按钮,返回到"快速报表"对话框。

（6）单击"确定"按钮,在"报表设计器"窗口中出现"快速报表"生成的报表布局,如图 13.7 所示。

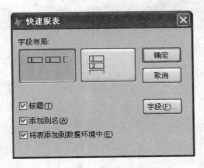

图 13.5　"快速报表"对话框

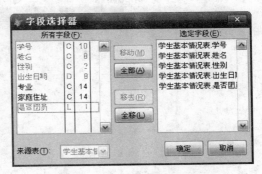

图 13.6　"字段选择器"对话框

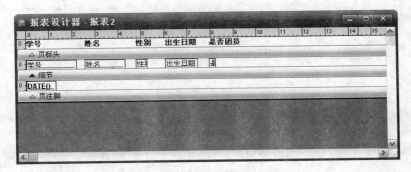

图 13.7　"快速报表"生成的报表布局

(7) 右击"报表设计器"窗口的空白处,在弹出的快捷菜单中选择"打印预览"命令,显示结果如图 13.8 所示。

学号	姓名	性别	出生日期	是否团员
20080101	王可	男	03/05/90	Y
20080103	李秀丽	女	05/06/91	Y
20080201	刘吉	男	08/09/92	N
20080204	田家炳	男	12/25/91	Y
20080102	毛荣秀	女	06/22/90	N
20080302	王光明	男	07/20/91	N
20080104	李如意	女	01/30/92	Y
20080203	刘兵	男	02/20/92	Y
20080301	张小小	女	03/03/91	Y
20080202	赵月	女	05/05/92	Y

图 13.8　"快速报表"的打印预览结果

(8) 单击右上角的"关闭"按钮,返回到"报表设计器"窗口,选择"文件"菜单中的"另存为"命令,打开"另存为"对话框,如图 13.9 所示。

(9) 从"保存在"下拉列表框中选择"教学管理"文件夹,在"保存报表为"下拉列表框中输入"学生基本情况表",单击"确定"按钮,出现如图 13.10 所示的结果。

(10) 单击右上角的"关闭"按钮,打开如图 13.11 所示的对话框,单击"是"按钮。

图 13.9   "另存为"对话框

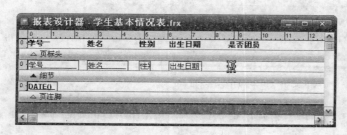

图 13.10   "学生基本情况表"报表设计器

图 13.11   提示保存对话框

13.1.3   利用报表设计器修改报表文件

1. 向报表文件中添加字段

【例 13.3】   将"学生成绩表"中的"高等数学"和"哲学"成绩字段值添加到例 13.2 所建立的"学生基本情况表"的报表中。在"学生管理"数据库中,"学生成绩表.dbf"的主索引字段为"学号","学生基本情况表.dbf"的主索引字段也是"学号",并且已经建立了永久关系。

(1) 选择"文件"菜单中的"打开"命令,如图 13.4 所示,在"查找范围"下拉列表框中选择"教学管理"文件夹,在"文件类型"下拉列表框中选择"报表.frx"选项,在文件显示区中选择"学生基本情况表.frx"文件,单击"确定"按钮,打开"报表设计器"窗口。

(2) 右击"报表设计器"窗口空白处,在弹出的快捷菜单中选择"数据环境"命令,打开"数据环境设计器"窗口,如图 13.12 所示。

(3) 右击"数据环境设计器"窗口空白处,在弹出的快捷菜单中选择"添加"命令,打开"添加表或视图"对话框,如图 13.13 所示。

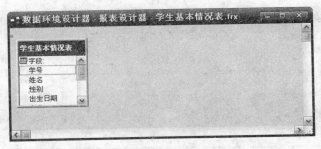

图 13.12　"数据环境设计器"窗口

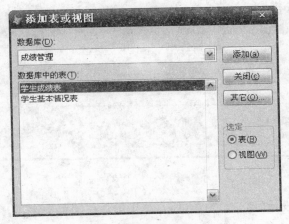

图 13.13　"添加表或视图"对话框

（4）在"数据库中的表"列表框中选择"学生成绩表"选项，单击"添加"按钮，再单击"关闭"按钮，则将"学生成绩表.dbf"添加到"数据环境设计器"窗口中，如图 13.14 所示。

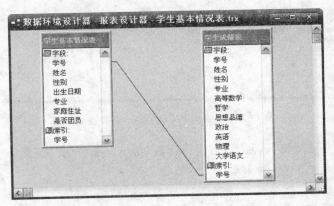

图 13.14　添加"学生成绩表"后的数据环境设计器

（5）分别将"学生成绩表"中的"高等数学"、"哲学"字段拖到图 13.7 所示的"报表设计器"窗口的"页标头"带区，如图 13.15 所示。

（6）将"高等数学"、"哲学"字段控件分别拖到"细节"带区，如图 13.16 所示。

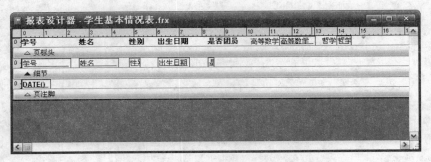

图 13.15　添加字段后的"报表设计器"窗口

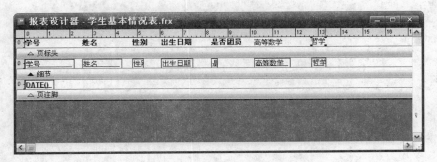

图 13.16　调整后的"报表设计器"窗口

（7）右击"报表设计器"窗口空白处，在弹出的快捷菜单中选择"打印预览"命令，结果如图 13.17 所示。

学号	姓名	性别	出生日期	是否团员	高等数学	哲学
20080101	王可	男	03/05/90	Y	78	88
20080103	李秀丽	女	05/06/91	Y	79	86
20080201	刘吉	男	08/09/92	N	85	89
20080204	田家炳	男	12/25/91	Y	68	92
20080102	毛荣秀	女	06/22/90	N	87	90
20080302	王光明	男	07/20/91	N	82	93
20080104	李如意	女	01/30/90	Y	66	87
20080203	刘兵	男	02/20/92	Y	71	76
20080301	张小小	女	03/03/91	Y	73	75
20080202	赵月	女	05/05/92	Y	90	70

图 13.17　"学生基本情况表"报表预览结果

（8）单击"关闭"按钮，返回到"报表设计器"窗口。选择"文件"菜单中的"关闭"命令，打开如图 13.11 所示的对话框，单击"是"按钮。

【例 13.4】　修改"学生基本情况表.frx"报表的结构，增加"大学语文"字段，并为各个字段名和字段值增加矩形控件。

（1）选择"文件"菜单中的"打开"命令，打开"打开"对话框，在"查找范围"下拉列表框中选择"教学管理"文件夹，在"文件类型"下拉列表框中选择"表"选项，在文件显示区中选择"学生成绩表.dbf"文件，单击"确定"按钮。

（2）选择"文件"菜单中的"打开"命令，在"打开"对话框中选择"学生基本情况表"报表，单击"确定"按钮，打开"报表设计器"窗口，如图 13.16 所示。

（3）选择"显示"菜单中的"报表控件工具栏"命令，打开"报表控件"工具栏，如图 13.18 所示。

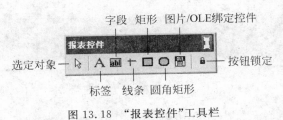

图 13.18　"报表控件"工具栏

（4）单击"报表控件"工具栏中的"标签"控件，再单击"报表设计器"窗口"页标头"带区"哲学"字段后面的空白区，输入"大学语文"字段名。

（5）单击"报表控件"工具栏中的"字段"控件，再单击"报表设计器"窗口"细节"带区"哲学"字段控件后面的空白区，打开"字段属性"对话框，如图 13.19 所示。

（6）在"常规"选项卡中单击"表达式"文本框右侧的 ⋯ 按钮，打开"表达式生成器"对话框，如图 13.20 所示。

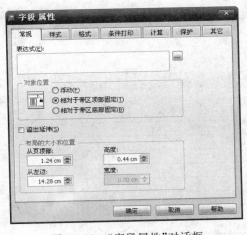

图 13.19　"字段属性"对话框

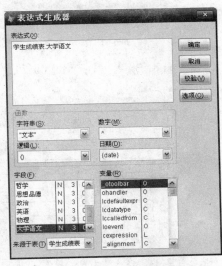

图 13.20　"表达式生成器"对话框

（7）在左下角"字段"列表框中双击"大学语文"字段，将"大学语文"字段添加到"表达式"文本框中，单击"确定"按钮，返回到"字段属性"对话框，单击"确定"按钮，结果如图 13.21 所示。

（8）单击"报表控件"工具栏中的"矩形"控件，将鼠标移到"细节"带区时它会变成中间带圆点的小方形，拖动鼠标从域控件"学号"左侧到"大学语文"右侧释放，则添加一个矩形控件，用鼠标拖动矩形控件四周的控点，调整控件到合适大小。

（9）单击"报表控件"工具栏中的"线条"控件，移动鼠标到域控件"学号"与"姓名"之

报表设计器 - 学生基本情况表.frx
学号 姓名 性别 出生日期 是否团员 高等数学 哲学 大学语文
页标头
学号 姓名 性别 出生日期 是 高等数学 哲学 大学语文
细节
DATE()
页注脚

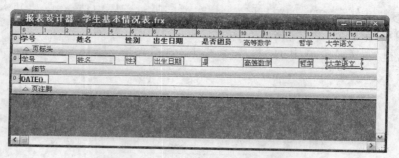

图 13.21　修改后的“报表设计器”窗口

间画一条竖线，调整到合适大小；用相同的方法在其余各域控件之间画竖线，如图 13.22 所示。

报表设计器 - 学生基本情况表.frx
学号 姓名 性别 出生日期 是否团员 高等数学 哲学 大学语文
页标头
学号 姓名 性别 出生日期 是 高等数学 哲学 大学语文
细节
DATE()
页注脚

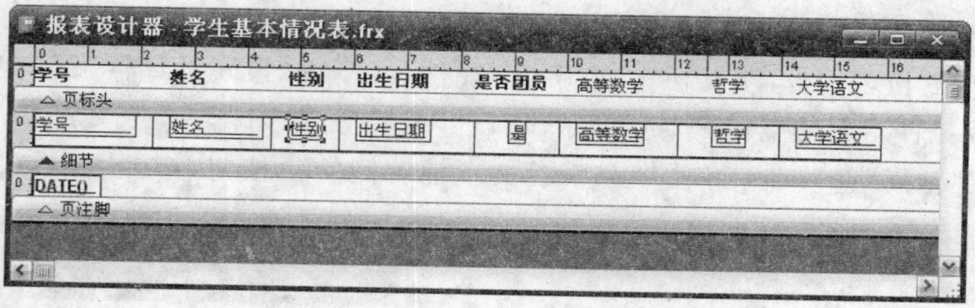

图 13.22　画竖线

(10) 右击“报表设计器”窗口空白处，在弹出的快捷菜单中选择“打印预览”命令，结果如图 13.23 所示。

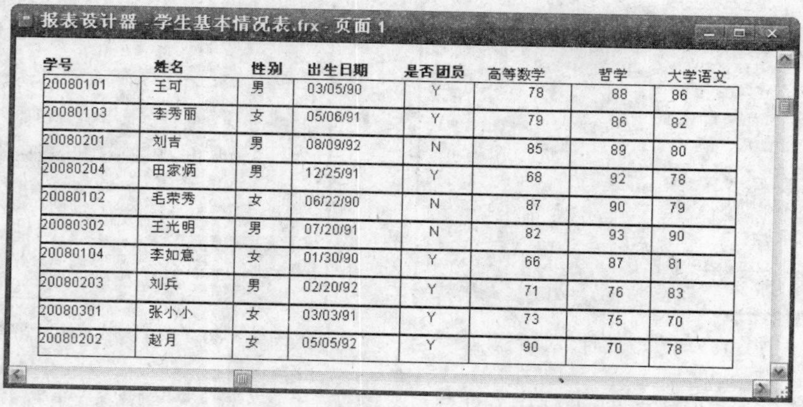

报表设计器 - 学生基本情况表.frx - 页面 1
学号 姓名 性别 出生日期 是否团员 高等数学 哲学 大学语文
20080101 王可 男 03/05/90 Y 78 88 86
20080103 李秀丽 女 05/06/91 Y 79 86 82
20080201 刘吉 男 08/09/92 N 85 89 80
20080204 田家炳 男 12/25/91 Y 68 92 78
20080102 毛荣秀 女 06/22/90 N 87 90 79
20080302 王光明 男 07/20/91 N 82 93 90
20080104 李如意 女 01/30/90 Y 66 87 81
20080203 刘兵 男 02/20/92 Y 71 76 83
20080301 张小小 女 03/03/91 Y 73 75 70
20080202 赵月 女 05/05/92 Y 90 70 78

图 13.23　添加字段后的“学生基本情况表”报表预览结果

(11) 单击右上角的“关闭”按钮，打开如图 13.11 所示的对话框，单击“是”按钮即可。

2. 向报表文件中添加标题和图片

【例 13.5】 在“学生基本情况表.frx”报表中添加报表标题和总结，并且添加图片。

（1）选择"文件"菜单中的"打开"命令，在"打开"对话框中选择"学生基本情况表.frx"报表，单击"确定"按钮，打开"报表设计器"窗口，如图 13.22 所示。

（2）右击"报表设计器"窗口空白处，在弹出的快捷菜单中选择"可选带区"命令，打开"报表属性"对话框，如图 13.24 所示。

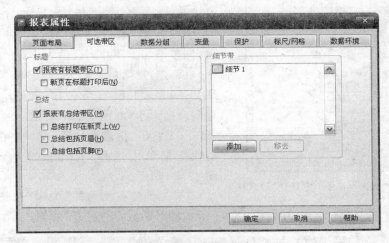

图 13.24　"报表属性"对话框

（3）选择"可选带区"选项卡，在"标题"区域选中"报表有标题带区"复选框，在"总结"区域选中"报表有总结带区"复选框，单击"确定"按钮，返回到"报表设计器"窗口，如图 13.25 所示。

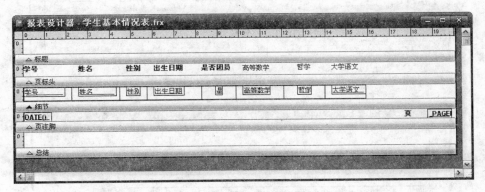

图 13.25　带"标题"和"总结"带区的"报表设计器"窗口

（4）单击"报表控件"工具栏中的"标签"控件，再单击"标题"带区上方的空白处，会出现闪烁的光标，输入"学生基本情况与成绩"，之后将其选中，选择"格式"菜单中的"字体"命令，在打开的对话框中设置字体为楷体、加粗、三号。

（5）单击"报表控件"工具栏中的"标签"控件，再单击"总结"带区上方的空白处，会出现闪烁的光标，输入"这是第一学期的学生基本情况与成绩"，之后将其选中，选择"格式"菜单中的"字体"命令，在打开的对话框中设置字体为宋体、加粗、四号。

（6）单击"报表控件"工具栏中的"图片/OLE 绑定控件"按钮，再单击"标题"带区上

图 13.26　"图形/OLE 绑定属性"对话框

方的空白处,打开"图形/OLE 绑定 属性"对话框,如图 13.26 所示。

(7) 单击"控件源"文本框右侧的🔳按钮,打开"打开图片"对话框,选择 C:\Program Files\vfp9\fox.bmp 文件,单击"确定"按钮,返回到"报表设计器"窗口,拖动"标题"带区到合适位置,调整添加的图片到合适大小。

(8) 重复第(6)、(7)步,在"细节"带区添加 C:\Program Files\vfp9\irunin.bmp 图片,并调整到合适大小,如图 13.27 所示。

(9) 右击"报表设计器"窗口空白处,在弹出的快捷菜单中选择"打印预览"命令,结果如图 13.28 所示。

(10) 单击右上角的"关闭"按钮或选择"文件"菜单中的"关闭"命令,打开如图 13.11 所示的对话框,单击"是"按钮。

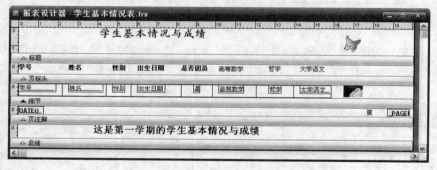

图 13.27　添加图片的"报表设计器"窗口

图 13.28　添加标题、总结和图片的"学生基本情况表"报表预览结果

3. 创建分组报表

【**例 13.6**】　为"学生成绩表.dbf"创建一个分组/总计报表,要求:首先按"专业"分成大组,在每一大组中按"性别"分成小组。

(1) 选择"文件"菜单中的"新建"命令,在打开的"新建"对话框中选中"报表"单选按钮,再单击"新建文件"按钮,打开"报表设计器"窗口。

(2) 右击"报表设计器"窗口空白处,在弹出的快捷菜单中选择"数据环境"命令,打开"数据环境设计器"窗口。

(3) 右击"数据环境设计器"窗口空白处,在弹出的快捷菜单中选择"添加"命令,打开"添加表或视图"对话框,在"数据库中的表"列表框中选择"学生成绩表"选项,单击"添加"按钮,之后单击"关闭"按钮,返回到"数据环境设计器"窗口。

(4) 单击"关闭"按钮,关闭"数据环境设计器"窗口。

(5) 选择"报表"菜单中的"快速报表"命令,打开"快速报表"对话框,单击"确定"按钮。

(6) 右击"报表设计器"窗口空白处,在弹出的快捷菜单中选择"数据分组"命令,打开"报表属性"对话框,选择"数据分组"选项卡,单击"添加"按钮,打开"表达式生成器"对话框。

(7) 在"表达式生成器"对话框中,双击左下角"字段"列表框中的"专业"字段,将"专业"字段显示到"表达式"文本框中,单击"确定"按钮,返回到"报表属性"对话框;单击"添加"按钮,打开"表达式生成器"对话框,双击"性别"字段,单击"确定"按钮,这时"报表属性"对话框如图 13.29 所示。

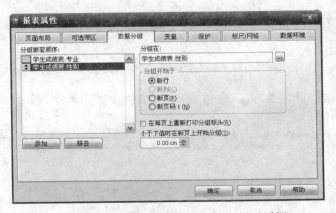

图 13.29　添加数据分组的"报表属性"对话框

(8) 单击"确定"按钮,返回到"报表设计器"窗口,报表中增加了两个"组标头"和两个"组注脚"带区,如图 13.30 所示。用鼠标拖动"组标头 1:专业"和"组标头 2:性别"带区到合适大小,从"细节"带区中将"专业"域控件拖动到"组标头 1:专业"带区中,将"性别"域控件拖动到"组标头 2:性别"带区中,删除"页标头"带区中的"专业"、"性别"标签,并适当调整其他控件的位置和大小,如图 13.31 所示。

(9) 选择"文件"菜单中的"另存为"命令,打开"另存为"对话框,选择保存在"教学管理"文件夹中,在"保存报表为"下拉列表框中输入"学生成绩分组表",单击"确定"按钮。

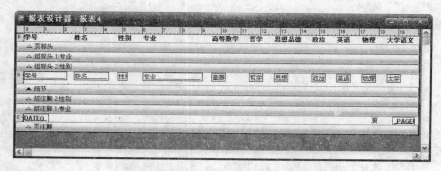

图 13.30　添加组标头和组注脚的"报表设计器"窗口

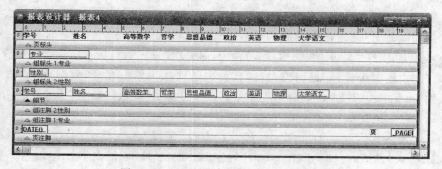

图 13.31　调整后的"报表设计器"窗口

（10）在打印预览报表内容之前，必须先对报表数据源文件"学生成绩表"按分组标准建立索引。在"命令"窗口中输入并执行如下命令：

```
USE E:\教学管理\学生成绩表.dbf
INDEX ON 专业+性别 TAG SYWJ1
```

（11）右击"报表设计器"窗口空白处，在弹出的快捷菜单中选择"打印预览"命令，预览结果如图 13.32 所示。

学号	姓名	高等数学	哲学	思想品德	政治	英语	物理	大学语文
计算机								
男								
20080101	王可	78	88	88	90	78	86	86
女								
20080103	李秀丽	79	86	77	92	90	76	82
20080102	毛荣秀	87	90	90	78	75	65	79
20080104	李如意	66	87	78	77	86	69	81
英语								
男								
20080201	刘吉	85	89	98	85	88	74	80
20080204	田家炳	68	92	91	87	78	70	78
20080203	刘兵	71	76	86	75	68	86	83
女								
20080202	赵月	90	70	95	70	66	70	78
自动化								
男								
20080302	王光明	82	93	93	70	88	66	90
女								
20080301	张小小	73	75	89	71	69	78	70

图 13.32　"学生成绩分组表"报表预览结果

【**例 13.7**】 修改例 13.6 中的"学生成绩分组表"报表,利用变量来计算各专业的男女学生数和总数,并在报表的"组注脚"带区加入学生人数。

(1) 打开"学生成绩分组表"报表,在"报表"菜单中选择"变量"命令,打开"报表属性"对话框,如图 13.29 所示。

(2) 选择"变量"选项卡,单击"添加"按钮,打开"报表变量"对话框,输入 ZYnumber,单击"确定"按钮,返回到"报表属性"对话框。

(3) 单击"保存的值"文本框右侧的 按钮,打开"表达式生成器"对话框,双击左下角"字段"列表框中的"专业"字段,单击"确定"按钮,返回到"报表属性"对话框,初始值设置为 0,在"重置值基于"下拉列表框中选择"分组:学生成绩表.专业"选项,在"计算类型"下拉列表框中选择"计数"选项。

(4) 重复第(2)、(3)步,设置变量 SEXnumber,"保存的值"设置为"学生成绩表.性别","初始值"设置为 0,在"计算类型"下拉列表框中选择"计数"选项,如图 13.33 所示。

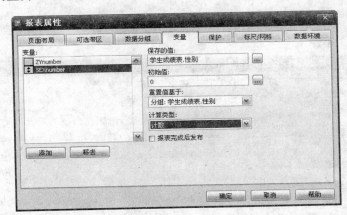

图 13.33 设置变量后的"报表属性"对话框

(5) 单击"确定"按钮,返回到"报表设计器"窗口。拖动"组注脚 2:性别"和"组注脚 1:专业"带区到合适大小。

(6) 单击"报表控件"工具栏中的"字段"控件,再单击"组注脚 2:性别"带区的合适位置,打开"字段 属性"对话框,选择"常规"选项卡,如图 13.34 所示。

(7) 在"表达式"文本框中输入"学生成绩表.性别+STR(SEXnumber,2)+"人"",单击"确定"按钮。

(8) 重复第(6)、(7)步,在"组注脚 1:专业"带区添加字段控件,报表表达式为"学生成绩表.专业+STR(ZYnumber,2)+"人"",适当调整各个控件的位置和大小,设置结果如图 13.35 所示。

(9) 右击"报表设计器"窗口的空白处,在弹出的快捷菜单中选择"打印预览"命令,显示的预览结果如图 13.36 所示。

(10) 单击"关闭"按钮,返回到"报表设计器"窗口,单击"关闭"按钮,打开如图 13.11 所示的对话框,单击"是"按钮。

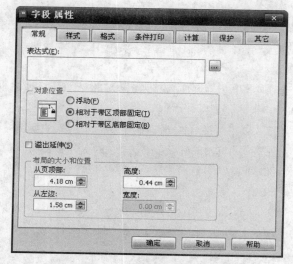

图 13.34 "字段 属性"对话框

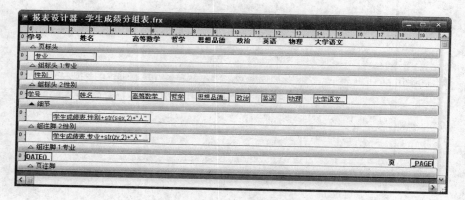

图 13.35 添加字段控件

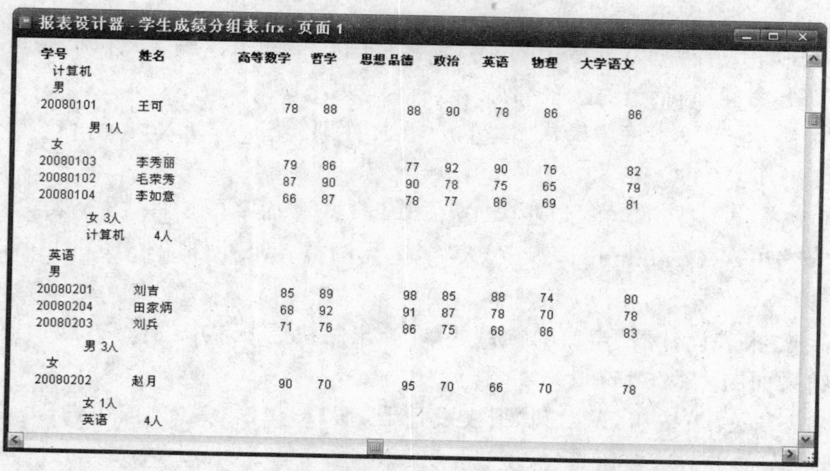

图 13.36 添加计算学生人数功能的报表打印预览结果

13.1.4　利用标签设计器建立标签文件

【例 13.8】　将"学生基本情况表"中的记录建立标签文件,要求每列输出两个标签。

(1) 打开"学生基本情况表.dbf"文件。

(2) 选择"文件"菜单中的"新建"命令,打开"新建"对话框。

(3) 在"文件类型"列表中选择"标签"选项,单击"新建文件"按钮,打开"新建标签"对话框,如图 13.37 所示。

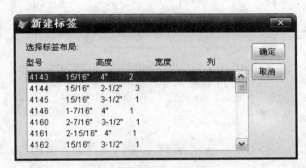

图 13.37　"新建标签"对话框

(4) 设置列数为 2,单击"确定"按钮,打开"标签设计器"窗口,右击"标签设计器"窗口的空白处,在弹出的快捷菜单中选择"数据环境"命令,打开"数据环境设计器"窗口。

(5) 右击"数据环境设计器"窗口的空白处,在弹出的快捷菜单中选择"添加"命令,打开"添加表或视图"对话框,选择"学生基本情况表",单击"添加"按钮,再单击"关闭"按钮。

(6) 选择"报表"菜单中的"快速报表"命令,在打开的"快速报表"对话框中选择"列布局"选项,单击"确定"按钮,返回到"标签设计器"窗口,如图 13.38 所示。

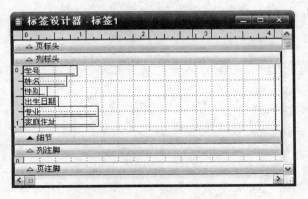

图 13.38　"标签设计器"窗口

(7) 选中"细节"带区中的各个字段控件,将其拖动到合适位置,单击"报表控件"工具栏中的"标签"控件,单击"学号"前的空白,添加文字"学号:",按此方法,依次添加文字"姓名:"、"性别:"、"出生日期:"、"专业:"、"家庭住址:",并且调整到合适位置。

(8) 单击"报表控件"工具栏的"矩形"控件,在"细节"带区中添加一个矩形,调整到合适位置和大小,如图 13.39 所示。

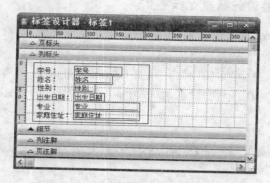

图 13.39　添加控件的"标签设计器"窗口

（9）右击"细节"带区的空白处,在弹出的快捷菜单中选择"打印预览"命令,显示的结果如图 13.40 所示。

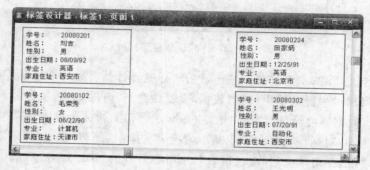

图 13.40　标签预览结果

（10）单击"关闭"按钮,返回到"标签设计器"窗口,单击"关闭"按钮,打开如图 13.11 所示的对话框,单击"是"按钮,打开"另存为"对话框,从"保存在"下拉列表框中选择"教学管理"文件夹,在"保存标签为"文本框中输入"学生情况标签",单击"保存"按钮。

13.2　上机作业

1. 用"学生成绩表.dbf"创建报表"学生成绩一览表.frx",要求具有各门课程的成绩。

2. 用"学生成绩表.dbf"创建报表"学生成绩统计表.frx",要求按不同专业对成绩计算平均值,报表输入包括所有字段,报表标题为"学生成绩统计表",在"标题"带区加图片,要求标题只在报表的第一页显示,在报表的"页注脚"带区中加入页码。

3. 利用"学生基本情况表.dbf"创建报表"学生人数统计表.frx",要求利用变量来计算各专业的男女学生人数,并在报表的"组注脚"带区加入学生人数。

4. 将"学生基本情况表.dbf"中的记录以标签形式输出,每列输出两个标签,每个学生的成绩加上矩形框,并且要求每个学生的信息以两列的形式显示。

第二部分　习题及参考答案

第 1 章　数据库系统的基本概念

1. 简答题

(1) 什么是信息、数据？它们之间的关系是什么？

答：信息是对现实世界中客观实体、纷杂现象及其相互关系进行的描述，可以看做是具有特定意义的数据，或者说是经过加工处理的数据。从广义上讲，数据是描述客观事物的符号记录；从使用计算机的狭义上讲，能够进入计算机并且能由计算机进行处理的信息就是数据。

数据反映信息，信息依据数据来表达。

(2) 数据管理经历了哪几个发展阶段？

答：基于计算机的数据管理技术经历了人工管理、文件管理和数据库管理 3 个发展阶段。

(3) 关系数据库管理系统有哪 3 种关系操作？

答：关系数据库管理系统是使用关系模型建立的，有选择、投影、连接 3 种基本关系操作。

(4) 数据模型有哪几种？

答：数据库管理系统常用的数据模型有层次模型、网状模型和关系模型 3 种。

(5) 什么是数据库系统？

答：数据库系统是指在计算机系统中引入数据库后构成的系统。

(6) Visual FoxPro 有哪几种操作方式？

答：Visual FoxPro 数据库管理系统，就大的方面而言，有人机交互方式和程序执行方式两类操作方式。人机交互方式又可分为命令操作方式、菜单操作方式和工具操作方式 3 类。

(7) 数据库系统由哪几部分组成？

答：数据库系统由计算机硬件、数据库管理系统、数据库、应用程序和数据库用户几个部分组成。

(8) 什么是数据库系统的体系结构？

答：数据库系统体系结构由"三级模式结构"和"两级映射"构成。三级模式即模式、外模式和内模式。两级映射就是模式/内模式映射和外模式/模式映射。

2. 选择题

（1）以一定的组织方式存储在计算机中，能为多个用户所共享的与应用程序彼此独立的相关数据的集合称为（　　）。

  A）数据库   B）数据库系统   C）数据库管理系统   D）数据结构

（2）数据库系统的核心是（　　）。

  A）数据库   B）操作系统   C）数据库管理系统   D）文件

（3）用二维表结构来表示实体与实体之间联系的数据模型是（　　）。

  A）层次模型   B）网状模型   C）关系模型   D）表格模型

（4）数据库系统与文件系统的主要区别是（　　）。

  A）文件系统不能解决数据冗余和数据独立性问题，而数据库系统能解决

  B）文件系统只能管理少量数据，数据库系统则能管理大量数据

  C）文件系统只能管理程序文件，数据库系统则能管理各种类型的文件

  D）文件系统简单，而数据库系统复杂

（5）下面关于关系数据库主要特点的叙述中，错误的是（　　）。

  A）关系中的每个属性必须是不可分割的数据单元

  B）关系中的每一列元素必须是类型相同的数据

  C）同一关系中不能有相同的字段，也不能有相同的记录

  D）关系的行、列次序不能任意交换，否则会影响其信息内容

（6）在 Visual FoxPro 是关系数据库管理系统中，（　　）。

  A）各条记录的数据之间有一定的关系

  B）各个字段之间有一定的关系

  C）一个数据库文件与另一个数据库文件之间有一定的关系

  D）数据模型满足一定条件的二维表格式

（7）数据模型应具有（　　）。

  A）数据描述功能   B）数据联系描述功能

  C）A 和 B 同时具备   D）数据查询功能

（8）不同实体是（　　）区分的。

  A）根据代表的对象   B）根据名字

  C）根据属性多少   D）根据属性的不同

答案：（1）A （2）C （3）C （4）A （5）D （6）D （7）C （8）D。

第 2 章　Visual FoxPro 应用基础

1. Visual FoxPro 6.0 有哪几种数据类型？

  答：Visual FoxPro 6.0 的常用数据类型有字符型、数值型、浮点型、双精度型、整型、日期型、日期时间型、逻辑型、备注型、通用型。

  特殊的数据类型有二进制型、二进制备注型、变量型、可变长字符型、可变长二进制

型、二进制字符型、二进制可变长字符型。

2. Visual FoxPro 6.0 有哪几种数据存储方式？

答：数据存储方式有常量、变量两种，变量又可分为内存变量、字段变量，内存变量又分为系统内存变量、数组变量、用户定义变量（也称为普通变量）。

3. 内存变量、数组变量、字段变量之间有什么区别？

答：内存变量是内存中的临时单元，内存变量的类型随着所存储的数据类型而变化。数组是一组具有相同名称、以下标相互区分的有序内存变量的集合，每一个数组元素在内存中独占一个存储单元，视为一个简单内存变量。数组必须先定义后使用，一旦定义，每个数组元素的初始值均是逻辑值.F.，之后，每个数组元素的数据类型决定于最后赋值的数据类型，同一数组中的不同数组元素的数据类型可以不同。字段变量是与表的结构定义密切相关的变量，存放在表的字段中。字段变量的类型与长度随着表结构的建立而确定，不再改变。

4. 变量的作用域如何定义？

答：变量的作用域是指变量在程序运行中的有效作用范围。根据作用域范围的不同，内存变量可分为局部变量、私有变量和全局变量。在 Visual FoxPro 中可以使用 LOCAL、PRIVATE 和 PUBLIC 命令来强制规定变量的作用范围。

5. 简述变量的作用域。

答：局部变量只在定义它们的程序体中有效。私有变量只在定义它们的程序以及这些程序的子程序中有效。如果当前定义的私有变量与上级程序定义的私有变量同名，则将上级程序定义的同名变量保存起来，且当前程序对该变量的操作不影响上级程序同名变量的值。在本次 Visual FoxPro 运行期间，所有程序都可以使用在任何位置定义的全局变量。

6. Visual FoxPro 6.0 有哪几种类型的函数？

答：按照函数的功能分类，可以划分为数值函数、字符函数、日期和时间函数、类型转换函数、测试函数、数据库操作函数、其他函数等类型。

7. Visual FoxPro 6.0 有哪几种类型的表达式？它们的计算规则是什么？

答：Visual FoxPro 6.0 的表达式有算术表达式、字符型表达式、日期时间型表达式、关系表达式、逻辑表达式。算术表达式要求算术运算符两边的操作数均为数值型；字符表达式要求字符运算符两边的操作数均为字符型；日期时间型表达式中不能出现两个日期或两个日期时间相加（＋）的情况，一个日期时间型表达式可以加、减一个数值型数据。关系表达式要求关系运算符两边必须是同一类型的数据。逻辑表达式用于逻辑型数据之间的运算。

8. 使用 MESSAGEBOX() 函数能否实现只有"是"与"否"按钮的对话框？如有，如何实现？

答：能，只要使 MESSAGEBOX() 函数中决定窗口按钮个数与内容的第 2 个参数是数字 4 即可实现。

9. 写出将当前日期与时间分成年、月、日、时、分、秒的语句。

答：语句为：

```
A=ALLTRIM(STR(YEAR(DATETIME())))
B=ALLTRIM(STR(MONTH(DATETIME())))
C=ALLTRIM(STR(DAY(DATETIME())))
D=ALLTRIM(STR(HOUR(DATETIME())))
E=ALLTRIM(STR(MINUTE(DATETIME())))
F=ALLTRIM(STR(SEC(DATETIME())))
?A+'年'+B+'月'+C+'日'+D+'时'+E+'分'+F+'秒'
```

10. BOF()函数与EOF()函数有什么区别？其一般的用法是什么？

答：BOF()函数测试记录指针是否指向表文件的开始标记，即第一条记录之上，指向则返回.T.，否则返回.F.；表为空时BOF()返回.T.。EOF()函数测试记录指针是否指向表文件的结束标记，即最后一条记录的下面，指向则返回.T.，否则返回.F.；表为空时EOF()返回.T.。这两个函数都必须在表文件打开的状态下使用。

第3章 Visual FoxPro 基本操作

1. 备注型字段和通用型字段的宽度是多少？如何进行数据输入？

答：备注型字段和通用型字段的宽度是4个字节。当输入备注内容时，双击备注字段或按Ctrl+PgDn打开编辑窗口，将内容输入编辑窗口中，输入完毕后直接关闭编辑窗口即已保存，若不想保存，可直接按Esc键退出。

要为通用型字段输入内容，双击通用型字段打开编辑窗口，选择"编辑"菜单中的"插入对象"命令打开"插入对象"对话框。单击"浏览"按钮，在打开的对话框中选择插入对象的路径，然后单击"确定"按钮将数据输入。直接关闭编辑窗口保存，按Esc键将不保存数据退出。

2. 自由表和数据表有什么区别和联系？

答：Visual FoxPro中有两种表：自由表和数据库表。数据库表属于一个数据库，具有自由表没有的一些高级属性，如显示属性、字段有效性、记录有效性、触发器等；数据库表能建立主索引，而自由表没有主索引。数据库表和自由表可以相互转换。当将自由表加入数据库中时，自由表就变成了数据库表，同时具有数据库表的全部属性；当将数据库表从数据库中移去时，数据库表就变成了自由表，数据库表的高级属性也随之消失。

3. 选择题

(1) 一个表的全部备注字段的内容存储在(　　)中。
　　A) 同一表备注文件　　　　　　　　B) 不同表备注文件
　　C) 同一数据库文件　　　　　　　　D) 同一文件文本

(2) 在Visual FoxPro的表结构当中，逻辑型、日期型和备注型字段的宽度分别是(　　)。
　　A) 1,8,10　　　　B) 1,8,4　　　　C) 3,8,256　　　　D) 3,8,任意

(3) 对表结构进行操作是在(　　)环境下完成的。
　　A) 表向导　　　B) 表设计器　　　C) 表浏览窗口　　　D) 表编辑窗口

(4) 学生表中有学号、姓名、出生日期等字段,要显示所有1980年出生的学生名单,下列命令正确的是(　　)。

　　A) LIST 姓名 FOR 出生日期＝1980

　　B) LIST 姓名 FOR 出生日期＝"1980"

　　C) LIST 姓名 FOR YEAR(出生日期)＝1980

　　D) LIST 姓名 FOR YEAR("出生日期")＝1980

(5) 当前记录指针指向第4条记录,执行SKIP命令后,记录指针定位在第(　　)条记录。

　　A) 3　　　　　　　B) 4　　　　　　　C) 5　　　　　　　D) 6

(6) 顺序执行下列命令后,最后一条命令显示的结果是(　　)。

```
USE 成绩
GO 6
SKIP-3
?RECNO()
```

　　A) 3　　　　　　　B) 4　　　　　　　C) 5　　　　　　　D) 9

(7) DELETE命令的作用是(　　)。

　　A) 删除当前表文件中的所有记录

　　B) 物理删除当前记录

　　C) 为当前记录做删除标记

　　D) 出现提问对话框,确认后将物理删除当前记录

(8) 下列命令或命令组合中可以将所有记录彻底从磁盘上删除的有(　　)。

　　A) ZAP　　　　　　　　　　　　B) DELETE ALL

　　C) DELETE ALL PACK　　　　　　D) RECALL ALL

(9) 若数据表中的记录暂时不想使用,为提高数据表的使用效率,对这些数据可以进行(　　)。

　　A) 物理删除　　　B) 数据过滤　　　　C) 逻辑删除　　　D) 不加任何处理

答案:(1) A　(2) B　(3) B　(4) C　(5) C　(6) A　(7) C　(8) A、C　(9) C。

4. 物理删除与逻辑删除有什么区别?

答:物理删除是把记录从磁盘上抹去,不存在了。逻辑删除只是对表中的相应记录做一个标记,这些记录仍在表的相应位置存在。

第4章　表的维护及基本应用

1. 选择题

(1) 下列命令当中不能对记录进行编辑修改的是(　　)。

　　A) CHANGE　　　　　　　　　B) BROWSE

　　C) MODIFY STRUCTURE　　　　D) EDIT

(2) 使用REPLACE命令时,如果范围短语为ALL或REST,则执行该命令后记录

指针指向（　　）。

　　　　A）末记录　　　　B）末记录后面　　　　C）首记录　　　　D）首记录的前面

　（3）当前表中有 4 个数值型字段：英语、数据结构、组成原理和总分。要求将 3 科成绩求和后填入总分字段。下面命令正确的是（　　）。

　　　　A）REPLACE 总分 WITH 英语＋数据结构＋组成原理 ALL

　　　　B）REPLACE 总分 TO 英语、数据结构、组成原理

　　　　C）REPLACE 总分 WITH 英语＋数据结构＋组成原理 FOR ALL

　　　　D）REPLACE 总分 TO 英语＋数据结构＋组成原理 ALL

　（4）对学历为"大学"的职工按"工资"由高到低排序，"工资"相同的按"年龄"由大到小排序，下列命令正确的是（　　）。

　　　　A）SORT TO GZ ON 工资/A,出生日期/D FOR 学历＝"大学"

　　　　B）SORT TO GZ ON 工资/D,出生日期/A FOR 学历＝"大学"

　　　　C）SORT TO GZ ON 工资/A,出生日期/A FOR 学历＝"大学"

　　　　D）SORT TO GZ ON 工资/D,出生日期/D FOR 学历＝"大学"

　（5）记录中不允许出现重复索引值的索引是（　　）。

　　　　A）主索引、候选索引和唯一索引　　　　B）主索引

　　　　C）主索引、候选索引和普通索引　　　　D）主索引和候选索引

　（6）随着表的打开而自动打开的索引是（　　）。

　　　　A）复合索引文件（.cdx）　　　　　　　B）独立索引文件（.idx）

　　　　C）结构化复合索引文件　　　　　　　D）独立复合索引文件

　（7）在建立唯一索引时出现重复字段值时只出现重复的（　　）记录。

　　　　A）第一条　　　　B）最后一条　　　　C）全部　　　　D）第一条和最后一条

　（8）打开建立了结构复合索引的数据表,表记录的顺序将按（　　）。

　　　　A）第一个索引标识　　　　　　　　　B）最后一个索引标识

　　　　C）原来的顺序　　　　　　　　　　　D）主索引标识

　（9）如果使用 LOCATE 命令没有找到要查找的记录，则 FOUND()的返回值为（　　），EOF()返回值为（　　）。

　　　　A).F.、.F.　　　　B).F.、.T.　　　　C).T.、.F.　　　　D).T.、.T.

　（10）在成绩表打开的前提下,要把记录指针定位在第一条"成绩"大于 80 分的记录上,应使用命令（　　）。

　　　　A）SEEK 成绩＞80　　　　　　　　　B）FIND 成绩＞80

　　　　C）FIND FOR 成绩＞80　　　　　　　D）LOCATE FOR 成绩＞80

　（11）成绩表中一共有 50 条记录,当前记录指针指向第 5 条记录,用 SUM 命令计算成绩总和时,若省略范围子句,则系统将（　　）。

　　　　A）计算前 5 条记录的成绩总和

　　　　B）只计算第 5 条记录的成绩总和

　　　　C）计算从第 5 条记录前始的后面所有记录的成绩总和

　　　　D）计算全部记录的成绩总和

（12）要打开多个数据表文件,应该在(　　)。

A）多个数据库中　　　　　　　　B）多个项目中

C）多个工作区中　　　　　　　　D）一个工作区中

（13）将表文件 A. dbf 复制成以♯为定界符的文本文件 B. txt,应使用命令(　　)。

A）COPY TO B DELIMITED WITH ♯

B）COPY TO B DELIMITED WITH "♯"

C）COPY FROM A DELIMITED WITH ♯

D）COPY FROM A DELIMITED WITH "♯"

答案:(1) C　(2) B　(3) A　(4) B　(5) D　(6) C　(7) A　(8) C　(9) B　(10) D　(11) D　(12) C　(13) B。

2. Visual FoxPro 索引有哪几种类型? 它们各自有什么样的特点?

答:Visual FoxPro 索引有 4 种类型:主索引、候选索引、普通索引、唯一索引。

主索引:在指定的字段或表达式中不允许出现重复值的索引。只有数据库表才有主索引,而且每个数据库表只能建立一个主索引。候选索引:在指定的字段或表达式中不允许出现重复值的索引,这点与主索引一样,但是一个表(自由表和数据库表)可以有多个候选索引。普通索引:允许索引对应的表达式的值重复,一个表可以建立多个普通索引。唯一索引:同普通索引一样允许重复值,但是只显示重复值的第一条记录。

3. 学生表(学号 C(7),姓名 C(6),性别 C(2),出生日期 D,奖学金 N(6,2),是否团员 L);课程表(课程号 C(3),课程名称 C(16),课时 N(2),学分 N(1));成绩表(学号 C(7),课程号 C(3),成绩 N(3))。用命令完成以下操作。

（1）对成绩表进行复制,包含"姓名"、"课程名"、"成绩"字段。

程序:

```
USE 学生表
SELECT 2
USE 成绩表
INDEX ON 学号 TAG xhsy
SET ORDER TO TAG xhsy
SELECT 学生表
SET RELATION TO 学号 INTO 成绩表
COPY FIELDS 姓名,b.课程名,b.成绩 TO xmcj
```

（2）对学生表中的男生人数进行统计。

程序:

```
USE 学生表
OUNT ALL TO rs FOR 性别="男"
?"男生人数:",rs
```

（3）对学生表进行复制,要求只复制所有团员的记录,包含"学号"、"姓名"、"性别"、"是否团员"4 个字段,新表按年龄的升序进行排列。

程序:

USE 学生表

SORT TO xsxb ON 年龄/A ALL FOR 是否团员 FIELDS 学号,姓名,性别,是否团员

第 5 章 Visual FoxPro 数据库及其操作

1. 选择题

（1）打开数据库的命令是（　　）。

    A）USE   B）USE DATABASE

    C）OPEN   D）OPEN DATABASE

（2）在 Visual FoxPro 中,可以对字段设置默认值的表（　　）。

    A）必须是数据库表   B）必须是自由表

    C）自由表或数据库表   D）不能设置字段的默认值

（3）Visual FoxPro 参照完整性规则不包括（　　）。

    A）更新规则   B）删除规则

    C）查询规则   D）插入规则

答案：（1）D　（2）A　（3）C。

2. 思考题

数据库设计的步骤包括哪些?

答：创建一个数据库可以分为 5 步。

第一步：分析数据需求,明确建立数据库的目的,即需要从数据库中得到哪些信息。确定需要保存哪些主题的信息（表）,以及每个主题需要保存哪些信息（表中的字段）。和数据库使用人员多交换意见。

第二步：确定需要的表。仔细研究需要从数据库中提取的信息,并把这些信息分成各种基本主题,每个主题都是一个独立的表。注意防止删除有用的信息,同一信息尽量只保存一次,这样将减小出错的可能性。

第三步：确定每个表所需的字段。确定字段的技巧：收集所需的全部信息;以最小的逻辑单位存储信息;每个字段直接和表的主题相关;不要包含可推导得到或需计算的数据。使用主关键字段,即可以唯一确定存储在表中每个记录的一个或一组字段,它能够迅速关联多个表中的数据,并把数据组合在一起。

第四步：确定表间的关系是一对一关系、一对多关系还是多对多关系。

第五步：设计求精。数据库设计好之后,还需要重新检查。字段：是否遗忘了字段? 是否有需要的信息没包括进去? 主关键字：是否为每个表选择了合适的主关键字? 在使用这个主关键字查找具体记录时,它是否很容易记忆和输入? 要确保主关键字段的值不会出现重复。重复信息：是否在某个表中重复输入了同样的信息? 如果是,需要将该表分成两个一对多关系的表。表：是否存在字段很多而记录项却很少的表,而且许多记录中的字段值为空? 如果有,就要考虑重新设计该表,使它的字段减少,记录增多。

第 6 章 查询和视图

1．SQL 语言具备哪些主要功能？

答：SQL 是关系数据库系统的国际标准查询语言，SQL 语言集数据库必需的基本功能于一体，如数据查询、数据定义、数据更新、数据控制。

2．SQL 的 SELECT 命令的基本功能是什么？

答：SQL 的 SELECT 命令的基本功能如下。

(1) 查什么？ 这是查询要输出的结果，由 SELECT 子句给出。

(2) 到哪里查？ 这是查询的对象，是数据的来源，由 FROM 子句给出。

(3) 查询对象间存在着什么联接关系？ 以 JOIN 子句给出。

(4) 查询的条件是什么？ 由 WHERE 子句给出。

(5) 按何种格式输出查询结果？ 以 GROUP、HAVING、ORDER 子句给出。

(6) 把查询结果输出到何处？ 由 INTO、TO 子句给出。

(7) 附加的显示选项。

3．使用 SQL 命令完成以下操作。

(1) 创建表"教师.dbf"，要求各字段的属性为：教师号，字符型，长度 5；姓名，字符型，长度 8；性别，字符型，长度 2；职称，字符型，长度 6。

命令为：

```
CREATE TABLE 教师(教师号 C(5),姓名 C(8),性别 C(2),职称 C(6))
```

(2) 显示表"学生.dbf"中非团员的男生记录。

命令为：

```
USE 学生表
LIST ALL FOR .NOT.是否团员 .AND. 性别="男"
```

(3) 显示所有男生的成绩，要求显示学生姓名、性别、课程名称和成绩。

命令为：

```
SELECT 学生表.姓名,学生表.性别,成绩表.成绩,课程表.课程名称 FROM 学生表 INNER JOIN 成绩表 ON 学生表.学号=成绩表.学号 INNER JOIN 课程表 ON 成绩表.课程名称=课程表.课程名称 WHERE 学生表.性别="男"
```

也可以用以下程序完成：

```
SELECT 1
USE 学生表
INDEX ON 学号 TAG sy
SET ORDER TO sy
SELECT 2
USE 成绩表
```

```
SELECT 3
USE 课程表
INDEX ON 课程号 TAG syh
SET ORDER TO syh
SELECT 2
SET RELATION TO 成绩表.课程号 INTO 课程表 ADDITIVE
SET RELATION TO 成绩表.学号 INTO 学生表 ADDITIVE
BROWSE FIELDS a.姓名,a.性别,c.课程名称,b.成绩 FOR a.性别="男"
```

4. 查询和视图有何主要联系与区别？

答：查询和视图是对数据库中的数据进行筛选、排序、分组。查询的数据源可以是一个或多个自由表，也可以是数据库表。视图的数据源必须来自于数据库中的表、其他视图等。视图与查询有着本质的区别，视图可以自动更新数据，并且能把更新的数据回存到数据源；而查询的数据是只读的，不能更新数据；查询保存在一个独立的文件中，而视图不是独立的文件，它只能存储在数据库中。

5. 利用查询设计器查询"教师"表中讲师的姓名、性别、职称。

答：单击"新建"按钮，在打开的"新建"对话框中选择"查询"选项，单击"新建文件"按钮，在打开"查询设计器"对话框的同时系统自动打开"添加表或视图"对话框。单击"其他"按钮后打开"打开"对话框，从中选择"教师"文件，单击"确定"按钮后，再单击"添加表或视图"对话框中的"关闭"按钮。在"字段"选项卡中选择"姓名"、"性别"、"职称"3个字段添加到"选定字段"列表框中，在"筛选"选项卡中建立：职称＝"讲师"的条件，在"查询设计器"窗口的空白位置右击，在弹出的快捷菜单中选择"运行查询"命令，即可显示结果。

6. 根据"学生"表和"成绩"表，建立视图 v1，要求如下。

(1) 按"学号"进行关联，内部联接。

(2) 显示的字段包括学生姓名、学号、课程名称和成绩。

(3) 设置"学生"表中的学号和成绩表中的"学号"为主关键字，设"成绩"为可更新字段。

(4) 运行视图，修改"王红"的"大学体育"成绩为 80。

答：首先新建一个数据库，如名为 kk.dbc，右击数据库设计器的空白位置，选择快捷菜单中的"新建本地视图"命令，在打开的"新建本地视图"对话框中单击"新建视图"按钮，在打开的"添加表或视图"对话框中单击"其他"按钮，把学生表添加进来，再单击"其他"按钮，把成绩表添加进来的同时系统自动打开"联接条件"对话框，选择"内部联接"选项，单击"确定"按钮，再关闭"添加表或视图"对话框。

在视图设计器的"字段"选项卡中选择"学生"表的"姓名"、"学号"、"成绩"表的"学号"、"课程名称"、"成绩"字段。在"更新条件"选项卡中将"学生"表的"学号"和"成绩"表的"学号"设置为主关键字，"成绩"表的"成绩"字段设置为可更新字段，在"SQL WHERE子句包括"区域选中"关键字和可更新字段"单选按钮，并选中"发送 SQL 更新"复选框。单击工具栏上的"保存"按钮，视图名为"v1"，单击"确定"按钮。单击工具栏上的"运行"按钮即可看到视图结果。最后修改"王红"的"大学体育"成绩为 80。返回到"成绩"表进一步证实在视图中成绩字段的修改可反馈到数据源。

第7章　程序设计基础

1. 编程解决下列问题

（1）求分段函数：

$$\begin{cases} y=2*x+5 & (x\geqslant10) \\ y=10*x-5 & (x<10) \end{cases}$$

程序为：

```
CLEAR
SET TALK OFF
INPUT "请输入 x 的值：" TO x
IF x>=10
    y=2*x+5
ELSE
    y=10*x-5
ENDIF
? "y=",y
RETURN
```

（2）求 $S=1+2^2+3^2+4^2+\cdots+99^2+100^2$

程序为：

```
CLEAR
SET TALK OFF
S=0
FOR n=1 to 100
k=n*n
S=S+k
ENDFOR
? 'S=',S
RETURN
```

（3）利用过程或自定义函数求 $c=\dfrac{m!}{n!\,(m-n)!}$

方法 1（用过程）：

```
SET TALK OFF
CLEAR
INPUT "请输入 n 的值：" TO n
INPUT "请输入 m (注意要大于 n)的值：" TO m
l=m-n
k=m
```

```
        DO sub_1
        a=t
        k=n
        DO sub_1
        b=t
        k=l
        DO sub_1
        d=t
        c=a/(b*d)
        ? "c="+ALLTRIM(STR(c))
        SET TALK ON
        RETURN
        PROCEDURE sub_1
        * sub_1.prg
        PUBLIC t && 非常重要
        t=1
        FOR i=1 TO k
            t=t*i
        ENDFOR
        RETURN
        ENDPROC
```

方法 2(用带参数的过程):

```
        SET TALK OFF
        CLEAR
        INPUT "请输入 n 的值: " TO n
        INPUT "请输入 m(注意要大于 b)的值: " TO m
        p=m-n
        DO sub_1 WITH m
        a=t
        DO sub_1 WITH n
        b=t
        DO sub_1 WITH p
        d=t
        c=a/(b*d)
        ? "c="+ALLTRIM(STR(c))
        SET TALK ON
        RETURN
        PROCEDURE sub_1
        PARAMETERS k
        PUBLIC t                              && 非常重要
        t=1
        FOR i=1 TO k
            t=t*i
```

```
ENDFOR
RETURN
ENDPROC
```

方法 3（用自定义函数）：

```
SET TALK OFF
CLEAR
INPUT "请输入 n 的值：" TO n
INPUT "请输入 m (注意要大于 n)的值：" TO m
p=m-n
a=sub_1(m)
b=sub_1(n)
d=sub_1(p)
c=a/(b*d)
? "c="+ALLTRIM(STR(c))
SET TALK ON
RETURN
FUNCTION sub_1
PARAMETERS k
PUBLIC t                                    && 非常重要
t=1
FOR i=1 TO k
    t=t*i
ENDFOR
RETURN t
ENDFUNC
```

（4）求多项式：$N = 1 + \dfrac{1}{2!} + \dfrac{1}{3!} + \dfrac{1}{4!} + \cdots + \dfrac{1}{99!} + \dfrac{1}{100!}$

程序为：

```
SET TALK OFF
CLEAR
n=0
FOR m=1 TO 100
a=1/sub_1(m)
n=n+a
ENDFOR
? "N=",N
SET TALK ON
RETURN
FUNCTION sub_1
PARAMETERS k
PUBLIC t
t=1
```

```
    FOR i=1 TO k
        t=t*i
    ENDFOR
    RETURN t
    ENDFUNC
```

（5）利用循环结构编程输出下面的图形

```
                        *********
                         *******
                          *****
                           ***
                            *
```

程序为：

```
CLEAR
SET TALK OFF
FOR i=1 TO 5
    j=1
    ?SPACE(i)
    FOR j=1 TO 11-2*i
        ??"*"
    ENDFOR
ENDFOR
SET TALK ON
RETURN
```

（6）利用多重循环结构输出九九乘法表
程序为：

```
SET TALK OFF
CLEAR
FOR y=1 TO 9
    FOR x=1 TO y
        z=y*x
        ??STR(y,1)+"*"+STR(x,1)+"="+STR(z,2)+"   "
    ENDFOR
    ?
ENDFOR
SET TALK ON
RETURN
```

（7）编程按"学号"查找"学生.dbf"表中某个学生的记录
程序为：

```
USE 学生表
SCAN
ACCEPT "请输入要查找学生的学号 (学号="q"退出查询): " TO ycxh
IF LOWER(ycxh)='q'
    EXIT
ELSE
    LOCATE FOR 学号==ycxh
    IF FOUND()
        DISP
    ELSE
        ?"查无此人!"
        GO TOP
    ENDIF
ENDIF
ENDSCAN
RETURN
```

2. 给出下面程序的运行结果。

(1)

```
* ex1.prg
a=3
b=5
DO`pp WITH 2*a,b
?a,b
RETURN
* pp.prg
PARAMETERS x,y
y=x*y
?"s="+str(y,3)
RETURN
```

运行结果如下:

```
s= 30
      3       30
```

(2)

```
* ex2.prg
PUBLIC a
a=1
c=5
DO sub
?"ex2: ",a,b,c
RETURN
```

```
* sub.prg
PROCEDURE sub
PRIVATE c
a=a+1
PUBLIC b
b=2
c=3
d=4
RETURN
```

运行结果如下：

```
ex2:    2    2    5
```

3. 思考题

（1）Visual FoxPro 程序有哪几种基本的控制结构？

答：Visual FoxPro 程序有 3 种基本的控制结构，即顺序结构、选择结构和循环结构。

（2）列举出几种 Visual FoxPro 应用程序中常用的循环结构模式。

答：使用最广泛的是 DO WHILE…ENDDO 结构，其他两种结构都可用 DO WHILE…ENDDO 结构代替。FOR … NEXT 结构适用于已知循环次数的循环。SCAN … ENDSCAN 结构仅用于处理表记录数据，不能用于其他方面的循环。

（3）模块化程序设计的特点是什么？

答：在设计一个情况复杂、规模较大的应用程序时，往往是把整个程序划分为若干个规模较小、功能相关而又相对独立的程序模块，然后分别予以实现，最后再把所有的程序模块像搭积木一样搭起来，这种在程序设计中采用逐步分解、分而治之的策略称为模块化程序设计方法。

模块化程序设计的特点如下：每个程序模块都是能完成特定任务的独立程序代码块；每个程序模块的内部工作对其余模块是不可见的。

（4）在 Visual FoxPro 中进行环境设置有哪几种命令形式，举例说明。

答：有："SET＜参数＞ ON|OFF"和"SET＜参数＞ TO＜参数值＞"两种命令形式。前者如同开关一样，ON 为接通，OFF 为断开，如 SET TALK ON|OFF，SET SAFETY ON|OFF。这类 SET 命令总有一个默认的状态。后者通过指定不同的值来设定系统的状态，如"SET CURRENCY TO＜货币符号＞"，"SET DATE TO＜日期格式＞"。

第 8 章　面向对象与表单设计

1. 选择题

（1）在面向对象程序设计中，程序运行的基本实体是（　　）。

　　A）对象　　　　　　B）类　　　　　　C）方法　　　　　　D）事件

(2) 表单文件的扩展名是(　　)。

　　A).dbf　　　　　B).scx　　　　　C).sct　　　　　D).pjx

(3) Visual FoxPro 中的基类分为(　　)。

　　A) 表单和表格　　　　　　　　B) 容器和控件

　　C) 容器类和控件类　　　　　　D) 基类和子类

(4) 属于非容器类控件的是(　　)。

　　A) Form　　　　B) Label　　　　C) Page　　　　D) Container

(5) 在表单中加入命令按钮 Command1 和 Command2,Command1 的 Click 事件代码如下：This.Parent.Command2.Enabled=.F.,则单击 Command1 后(　　)。

　　A) Command1 命令按钮不能激活

　　B) Command2 命令按钮不能激活

　　C) 事件代码无法执行

　　D) 命令按钮组中的第二个命令按钮不能激活

(6) 假定一个表单中有一个文本框 Text1 和一个命令按钮组 CommandGroup1,命令按钮组中包含两个命令按钮 Command1 和 Command2。如果要在 Command1 的某个方法中访问文本框的 Value 属性值,下面语句正确的是(　　)。

　　A) This.ThisForm.Text1.Value

　　B) This.Parent.Parent.Text1.Value

　　C) Parent.Parent.Text1.Value

　　D) This.Parent.Text1.Value

(7) 下面关于列表框和组合框的描述中,正确的是(　　)。

　　A) 列表框和组合框都可以设置成多重选择

　　B) 列表框可以设置成多重选择,而组合框不能

　　C) 组合框可以设置成多重选择,而列表框不能

　　D) 列表框和组合框都不可以设置成多重选择

(8) 用于指定列表框或组合框数据项的数据源类型的属性是(　　)。

　　A) RowSourceType　　　　　　B) ControlSource

　　C) RowSource　　　　　　　　D) ControlSourceType

答案：(1) A　(2) B　(3) C　(4) B　(5) B　(6) B　(7) B　(8) A。

2. 思考题

(1) 面向对象程序设计方法和面向过程设计方法有何异同?

答：面向过程的程序设计是将解决问题的先后次序即步骤,用计算机语言的语法和结构描述出来。

面向对象是一种解决问题的思维方式,它将观察焦点放在构成客观世界的成分——对象上,将对象作为需求分析和系统设计的主体,通过对象间有意义的相互作用来通信,即把整个问题集合抽象为相互通信着的一组对象集合。将相似或相近的一组对象聚合为

类,采用各种手段将相似的类组织起来,实现问题空间到解空间的映射。这种方法描述的现实世界模型合理贴切,更符合人们认识世界的思维方法。

（2）什么是对象？什么是类？

答：对象是对客观存在的一个实体属性及行为特征的描述。在面向对象程序设计中,对象是基本的运行实体,每个对象都具有一些基本特征,如对象的名称、对象的属性、对象的行为特征——方法、事件。

类是对具有相同的属性和行为特征的一组对象的抽象。类是对象的模板,对象是类的实例。

（3）什么情况可以使用向导来创建表单？如何利用表单设计器创建表单？

答：表单可以使用表单向导来创建,也可以使用表单设计器创建。

使用表单向导可以创建两种类型的表单:一个是涉及单个表的表单(表单向导),另一个是涉及两个表的表单(一对多表单向导)。对于不涉及表的表单(如显示系统时间和日期、颜色变化等表单)和涉及多个表的表单则不能使用表单向导来创建。

在表单设计器中创建表单的一般步骤如下。

① 打开表单设计器。

② 在数据环境设计器中添加表文件。

③ 在表单中添加对象,为对象设置属性。

④ 调整对象在表单中的布局。

⑤ 为相关事件编写代码。

⑥ 运行调试表单,保存表单。

（4）标签、文本框和编辑框都可以用来显示文本信息,它们有何异同？

答：标签控件是一种能在表单上显示文本信息的输出控件,常用来为其他控件显示提示或说明信息,也用来显示程序运行时输出的文本信息。标签控件在表单运行中是不能获得焦点的,因此它显示的内容,即 Caption 属性的值在表单运行期间无法进行交互式编辑。

文本框控件用来显示或供用户输入文本信息。使用文本框控件,可以编辑内存变量、数组或表的字段数据。

编辑框只能用于输入和编辑字符型数据,如字符型的内存变量、数组元素、字段。而文本框却可以用于字符型、数值型、日期型、逻辑型 4 种数据。在编辑框可输入或编辑多段字符型数据,按 Enter 键不能终止输入和编辑的进行;而在文本框中只能输入和编辑一段字符,按 Enter 键将终止对文本框的操作。编辑框允许使用 PageUp、PageDown 键及垂直滚动条来浏览文本,文本框则没有此功能。在编辑框中,文本可自动换行。

（5）命令按钮组中的命令按钮与单独的命令按钮在设置与使用上有何异同？

答：命令按钮是一种控件类对象,命令按钮组是一种容器类对象。命令按钮组可以包含多个命令按钮,并可对这些按钮进行有效管理。命令按钮、命令按钮组和其中的按钮都有各自的属性、方法、事件。命令按钮组既可以作为一个组来统一操作,又可以单独操作其中的各个命令按钮。

第 9 章　菜单设计

1. 简述 Visual FoxPro 的菜单系统组成。

答：Visual FoxPro 的菜单系统由标准菜单和快捷菜单组成，标准菜单(简称菜单，平常所说的菜单一般指的是标准菜单)是菜单系统的主要组成部分，是用户操作应用程序的主要界面，一个完整的标准菜单系统一般由一个菜单标题、一个菜单栏、多个菜单项以及相应的下拉菜单组成。快捷菜单是指当用户在应用程序的某个窗口中右击时弹出的菜单。Visual FoxPro 6.0 的系统主菜单就是一个标准菜单。

2. 简述创建菜单系统的步骤。

答：创建菜单系统一般有如下 5 个步骤。

(1) 规划菜单系统。规划的目的是明确应用程序需要哪些菜单，这些菜单应该出现在应用程序界面的什么地方，主菜单和子菜单的层次关系如何，各级菜单项的名字、对应的任务及快捷键等。

(2) 创建菜单和子菜单。利用菜单设计器定义菜单标题、菜单项和子菜单，为菜单项设置快捷键。

(3) 为菜单系统指定任务。为每一个菜单项指定所要执行的任务，即当用户选择菜单中的某一项时，系统能调出并运行相应的程序、表单或对话框等。

(4) 生成菜单程序。菜单设计完成后必须保存为菜单文件，Visual FoxPro 菜单文件的扩展名为.mnx，该文件是一个表，用以保存此菜单系统的所有信息。菜单文件并不能运行，因此，菜单在运行之前必须生成菜单程序，Visual FoxPro 菜单程序文件的扩展名为.mpr，菜单程序文件包含了输出的菜单程序。

(5) 运行并调试菜单系统。通过运行指定的扩展名为.mpr 的菜单程序，对该菜单程序进行测试性的操作，以保证其中的菜单程序正确。

3. 如何在菜单界面中设置快捷键？

答：在"菜单设计器"对话框中选中一个需要设置快捷键的菜单项，单击该菜单项的"选项"列后面的矩形按钮，打开"提示选项"对话框，设置该对话框的内容即可。

第 10 章　报表与标签设计

1. 在报表设计器中共有几个带区？各有什么作用？

答：Visual FoxPro 为用户提供了 9 种不同用途的报表带区。

(1) "页标头"带区：页标头带区的数据将会显示在每一页报表的开头处，而且每一页只显示一次。该带区通常用于设置报表的名称、字段标题(字段名列表)、日期、页码以及必要的图形。设计美观的页标头带区，可增强整个报表的效果。

(2) "细节"带区：是报表的核心部分，用于显示数据表及表达式的实际值。一般用于放置要打印的字段及表达式，在进行报表输出时，会根据该带区的设置，显示表的所有记录,即报表设计器能根据表中记录的数量,自动对该带区中设置的控件进行循环打印。

(3)"页注脚"带区:该区的内容打印在每一页报表的最底端,而且每页只打印一次。通常用于打印每页的一般信息。在默认情况下,将制表日期、页码等注脚信息放在该带区。

(4)"标题"带区:该带区的内容只会打印在第一页报表的最顶端,而且整个报表只打印一次。通常放置报表的标题、公司的名称、徽章图案、报表用途说明、制作人、制表日期等。该带区的内容可以作为单独的一页输出,也可以与报表的第一页一起输出。

(5)"总结"带区:此带区中的数据只会出现在报表最后一页的底端,而且整个报表只显示一次。通常用于放置整份报表的统计信息。该带区的内容可以作为单独的一页输出,也可以与报表的最后一页一起输出。

(6)"组标头"带区:此带区中的数据只会出现在报表中每一个分组开始处,通常用于打印分组的标题信息。

(7)"组注脚"带区:此带区中的数据只会出现在报表中每一个分组结束的地方,通常用于放置分组的统计信息。组标头和组注脚这两个带区总是成对出现。

(8)"列标头"带区:与页标头的内容类似,在多列布局报表中使用,每列的头部打印一次,一般用于放置列标题。

(9)"列注脚"带区:与组注脚带区的内容类似。在多列布局报表中使用,每列的底部打印一次,一般用于放置列统计信息,以及演示结论。

2. 在"数据环境设计器"窗口中如何为报表设置数据源?

答:在"数据环境设计器"窗口中报表数据源的设置是通过添加域控件来完成的。

方法一:打开数据环境设计器,从"数据环境"设计器中直接把字段拖到"报表设计器"窗口中,然后根据需要调整布局。

方法二:通过"报表控件"工具栏插入域控件。单击"报表控件"工具栏上的"域控件"按钮,在要添加该控件的报表设计器带区的适当位置单击,则打开编辑域控件的"报表表达式"对话框,根据需要在"表达式"文本框中输入或指定表的字段、变量、函数或计算表达式等,还可以在"格式"文本框中指定域控件的显示格式等。

3. 如何在"报表设计器"窗口中添加控件?

答:添加的具体控件不同时稍有不同。添加控件一般有两种方法。

方法一:选择"显示"菜单中的"数据环境"命令,打开数据环境设计器,从"数据环境设计器"窗口中直接把字段拖到"报表设计器"窗口中,然后根据需要调整布局。

方法二:通过"报表控件"工具栏插入域控件。

第 11 章　应用程序的开发

1. 应用程序的开发包括哪些步骤?

答:一般来讲,Visual FoxPro 应用程序的开发应包括以下 4 步。

(1)构造应用程序框架,即构建整个系统的整体控制结构,一个典型的数据库应用程序由数据结构、用户界面、查询选项和报表等组成,设计时应仔细考虑每个组件提供的功能以及与其他组件之间的关系。

（2）将文件添加到项目文件中。

（3）连编应用程序。将所有在项目中引用的文件合并成一个应用程序文件，然后对项目进行整体测试。

（4）发布应用程序。

2．什么是项目文件？

答：项目管理器通过项目文件来对项目进行管理，一个项目可以创建一个项目文件，在一个项目中可以包括要使用和管理的数据库资源、要开发和管理的应用程序资源，它可以将一个应用系统项目所关联的所有对象统一在项目文件中并进行管理。因此，可以说一个项目文件实际上是数据、文档、程序以及各种 Visual FoxPro 对象的集合，项目文件的扩展名为. pjx。

3．简述项目管理器的作用。

答：项目管理器是 Visual FoxPro 中处理数据和对象的主要组织工具，是控制中心，最好把应用程序中的所有文件都组织到"项目管理器"中，以便于管理和查找。

4．项目管理器中有哪几个选项卡？它们的作用分别是什么？

答：项目管理器包括 6 个选项卡，其中"数据"、"文档"、"类"、"代码"、"其他"5 个选项卡用于分类显示各种文件，"全部"选项卡用于集中显示该项目的所有文件。"数据"选项卡包含了一个项目中的所有数据文件，如数据库、自由表、查询和视图。

5．什么是主控文件？它的作用是什么？

答：主控文件是整个应用程序的入口文件，即在整个应用程序运行时最先运行的文件，它负责为应用程序系统设置运行环境，显示初始用户界面和控制事件循环，并在退出事件循环后恢复原有的系统环境。主控程序可以是一个. prg 程序、一个表单或者菜单，当用户运行应用程序时，Visual FoxPro 将为应用程序启动主控程序，然后再由主控程序依次调用所需要的应用程序及其组件。应当注意：一个项目中仅有一个主控程序。一般将主控程序命名为 main. prg。

6．为什么要对项目文件进行连编？连编后生成的应用程序和可执行文件如何运行？

答：连编项目的最终结果是将所有在项目中引用的文件合并成一个应用程序文件，以便将应用程序和数据文件一起发布，发布后便可执行该文件运行应用程序。

连编应用程序之后，项目中的所有文件被连编成一个扩展名为. app 的文件，各个程序文件则成为应用程序的若干个子过程，这个扩展名为. app 的文件必须在 Visual FoxPro 环境下运行。连编可执行文件之后，项目中的所有文件被连编成一个扩展名为. exe 的文件，它是一个可独立于 Visual FoxPro 环境运行的 Windows 应用程序，在 Windows 操作系统下可直接双击该. exe 文件图标执行它。

7．什么是应用程序的发布？

答：所谓应用程序的发布，就是将应用程序和应用程序的支持文件复制到磁盘中，为用户提供安装应用程序的方法。

8．简述制作安装盘的过程。

答：利用"安装向导"对话框制作安装盘的步骤如下。

（1）在"工具"菜单中选择"向导"子菜单，再从"向导"子菜单中选择"安装"命令，打开"安装向导"对话框。

（2）选择发布目录。单击"发布树目录"文本框右边的按钮，打开"选择目录"对话框，从中选择发布目录，向导会把此目录作为要压缩到磁盘映像目录中的文件源，然后单击"下一步"按钮。

（3）指定组件。指定发布应用程序时所必需的组件，然后单击"下一步"按钮。

（4）指定磁盘映像。为应用程序指定磁盘映像目录和不同的安装磁盘类型。

（5）设置安装选项。如"安装对话框标题"、"版权信息"、"执行程序"等。

（6）默认目标目录。指定应用程序安装在用户机器上所默认的目录名；在"程序组"文本框中指定一个程序组，安装程序将为应用程序创建这个程序并将其设置在"开始"菜单中。

（7）改变文件设置。在此对话框中，安装向导允许对文件名、文件的目标目录、程序管理器等一些选项作修改。

（8）完成安装盘的制作。

第 12 章　Visual FoxPro 与其他系统的数据共享

1．什么是数据导出？

答：所谓数据导出，就是将 Visual FoxPro 的表中数据复制到其他应用程序所用的文件中去，也就是将 Visual FoxPro 表中存储的数据导出到另一种格式的文件中，供其他应用程序使用。

2．什么是数据导入？

答：所谓数据导入，就是把另一个应用程序文件所使用的数据导入 Visual FoxPro 表文件中。导入表文件中后，可以像使用其他任意 Visual FoxPro 表文件一样使用它。

3．数据导入、导出的目的是什么？

答：数据导入即获取其他应用程序所提供的数据，导出数据即向其他应用程序提供自己的数据，通过数据的导入、导出来实现应用程序之间的数据共享，这样既可以节省输入数据、处理数据的时间，也可以减少错误。

4．简述数据导入的过程。

答：在导入数据时，既可以使用"导入向导"对话框，也可以使用"导入"对话框。

使用"导入向导"对话框导入数据时，"导入向导"会给出导入数据的操作提示，用户根据提示进行相应设置即可导入文件，而且用户可以修改新表的结构。

使用"导入"对话框导入数据时，选择"文件"菜单中的"导入"命令，打开"导入"对话框，选择要导入的文件类型和源文件名，如果"类型"是电子表格文件，则还要选择其中的工作表名，最后单击"确定"按钮。

5．为什么要创建远程视图？

答：通过建立远程视图可以共享远程服务器中的数据。使用远程视图时，无须将所有的记录下载到本地计算机上即可提取远程 ODBC（Open Database Connectivity，开放数据库互连)服务器中的数据子集。可以在本地计算机上操作这些选定的记录,然后把添加或更改的数据返回到远程数据源中。

6. 简述创建数据连接的操作步骤。

答:有两种方法来连接远程数据源,既可以直接访问在机器上注册的 ODBC 数据源,也可以用连接设计器设计自定义连接。用连接设计器创建新连接的操作步骤如下。

(1) 在 Visual FoxPro 主窗口或项目管理器中选择一个数据库,如"教学管理.dbc",并且把它打开。

(2) 选择系统主菜单"文件"中的"新建"命令,在打开的"新建"对话框中选择"连接"选项,再单击"新建文件"按钮;或选择主菜单"数据库"中的"连接"命令,在打开的"连接"对话框中单击"新建"按钮;或直接右击数据库设计器界面的空白处,从弹出的快捷菜单中选择"连接"命令,均可打开"连接设计器连接 1"对话框。

(3) 在"连接设计器"中,根据服务器的需要输入各个选项。

(4) 从"文件"菜单中选择"保存"命令。

(5) 在打开的"保存"对话框中,在"连接名称"文本框中输入创建连接的名称,单击"确定"按钮。

第三部分　全国计算机等级考试二级 Visual FoxPro 试卷及参考答案

2008 年 4 月笔试试卷

全国计算机等级考试二级 Visual FoxPro 数据库程序设计

（考试时间 90 分钟，满分 100 分）

一、选择题（每小题 2 分，共 70 分）

下列各题 A)、B)、C)、D) 四个选项中，只有一个选项是正确的。请将正确选项涂写在答题卡相应位置上，答在试卷上不得分。

(1) 程序流程图中带有箭头的线段表示的是（　　）。

A) 图元关系　　　B) 数据流　　　C) 控制流　　　D) 调用关系

(2) 结构化程序设计的基本原则不包括（　　）。

A) 多态性　　　B) 自顶向下　　　C) 模块化　　　D) 逐步求精

(3) 在软件设计中模块划分应遵循的准则是（　　）。

A) 低内聚低耦合　　　　　　　B) 高内聚低耦合

C) 低内聚高耦合　　　　　　　D) 高内聚高耦合

(4) 在软件开发中，需求分析阶段产生的主要文档是（　　）。

A) 可行性分析报告　　　　　　B) 软件需求规格说明书

C) 概要设计说明书　　　　　　D) 集成测试计划

(5) 算法的有穷性是指（　　）。

A) 算法程序的运行时间是有限的　　　B) 算法程序所处理的数据量是有限的

C) 算法程序的长度是有限的　　　　　D) 算法只能被有限的用户使用

(6) 对长度为 n 的线性表排序，在最坏情况下，比较次数不是 $n(n-1)/2$ 的排序方法是（　　）。

A) 快速排序　　　　　　　　　B) 冒泡排序

C) 直线插入排序　　　　　　　D) 堆排序

(7) 下列关于栈的叙述正确的是(　　)。

    A) 栈按"先进先出"原则组织数据　　　　B) 栈按"先进后出"原则组织数据

    C) 只能在栈底插入数据　　　　　　　　D) 不能删除数据

(8) 在数据库设计中,将 E-R 图转换成关系数据模型的过程属于(　　)。

    A) 需求分析阶段　　　　　　　　　　　B) 概念设计阶段

    C) 逻辑设计阶段　　　　　　　　　　　D) 物理设计阶段

(9) 有 3 个关系 R、S 和 T 如下:

	R				S				T	
B	C	D		B	C	D		B	C	D
a	0	k1		f	3	h2		a	0	k1
b	1	n1		a	0	k1				
				n	2	x1				

由关系 R 和 S 通过运算得到关系 T,则所使用的运算为(　　)。

    A) 并　　　　　　B) 自然连接　　　　C) 笛卡儿积　　　　D) 交

(10) 设有表示学生选课的 3 张表:学生 S(学号,姓名,性别,年龄,身份证号),课程 C(课号,课名),选课 SC(学号,课号,成绩),则表 SC 的关键字(键或码)为(　　)。

    A) 课号,成绩　　　　　　　　　　　　B) 学号,成绩

    C) 学号,课号　　　　　　　　　　　　D) 学号,姓名,成绩

(11) 在 Visual FoxPro 中,扩展名为 .mnx 的文件是(　　)。

    A) 备注文件　　　　B) 项目文件　　　　C) 表单文件　　　　D) 菜单文件

(12) 有如下赋值语句:a = "计算机",b = "微型",结果为"微型机"的表达式是(　　)。

    A) b+LEFT(a,3)　　　　　　　　　　　B) b+RIGHT(a,1)

    C) b+LEFT(a,5,2)　　　　　　　　　　D) b+RIGHT(a,2)

(13) 在 Visual FoxPro 中,有如下内存变量赋值语句:

```
X={^2001-07-28 10: 15: 20 PM }
Y=.F.
M=&123.45
N=123.45
Z="123.45"
```

这些赋值语句所定义变量的数据类型依次为(　　)。

    A) D、L、Y、N、C　　　　　　　　　　B) T、L、Y、N、C

    C) T、L、M、N、C　　　　　　　　　　D) D、L、Y、N、C

(14) 下面程序的运行结果是(　　)。

```
SET EXACT ON
s="ni"+SPACE(2)
    IF S="ni"
```

```
                    IF S=="ni"
                        ?"one"
                    ELSE
                        ?"two"
                    ENDIF
                ELSE
                    IF s="ni"
                        ?"three"
                    ELSE
                        ?"four"
                    ENDIF
                ENDIF
            RETURN
```

A) one   B) two   C) three   D) four

(15) 如果内存变量和字段变量均有变量名"姓名",那么引用内存变量的正确方法是（   ）。

A）M. 姓名   B）M－＞姓名   C）姓名   D）A 和 B 都可以

(16) 要为当前表所有性别为"女"的职工增加 100 元工资,应使用命令（   ）。

A）REPLACE ALL 工资 WITH 工资＋100

B）REPLACE ALL 工资 WITH 工资＋100 FOR 性别＝"女"

C）CHANGE ALL 工资 WITH 工资＋100

D）CHANGE ALL 工资 WITH 工资＋100 FOR 性别＝"女"

(17) MODIFY STRUCTURE 命令的功能是（   ）。

A）修改记录值   B）修改表结构

C）修改数据库结构   D）修改数据库或表结构

(18) 可以运行查询文件的命令是（   ）。

A）DO   B）BROWSE

C）DO QUERY   D）CREATE QUERY

(19) 在 SQL 语句中删除视图的命令是（   ）。

A）DROP TABLE   B）DROP VIEW

C）ERASE TABLE   D）ERASE VIEW

(20) 设有订单表 order(订单号、客户号、职员号、签订日期、金额),查询 2007 年所签订单的信息,并按金额降序排序,正确的 SQL 命令是（   ）。

A）SELECT * FROM order WHERE YEAR(签订日期)＝2007 ORDER BY 金额 DESC

B）SELECT * FROM order WHILE YEAR(签订日期)＝2007 ORDER BY 金额 ASC

C）SELECT * FROM order WHERE YEAR(签订日期)＝2007 ORDER BY 金额 ASC

D）SELECT * FROM order WHILE YEAR(签订日期)＝2007 ORDER BY 金额 DESC

(21) 设有订单表 order(订单号、客户号、职员号、签订日期、金额)，删除 2002 年 1 月 1 日以前签订的订单记录，正确的 SQL 命令是（　　）。

    A) DELETE TABLE order WHERE 签订日期<{^2002-1-1}

    B) DELETE TABLE order WHILE 签订日期>{^2002-1-1}

    C) DELETE FROM order WHERE 签订日期<{^2002-1-1}

    D) DELETE FROM order WHILE 签订日期>{^2002-1-1}

(22) 下面属于表单方法名(非事件名)的是（　　）。

    A) Init　　　　　　B) Release　　　　　C) Destroy　　　　　D) Caption

(23) 下列表单的（　　）属性设置为真时，表单运行时将自动居中。

    A) AutoCenter　　　　　　　　　　B) AlwaysOnTop

    C) ShowCenter　　　　　　　　　　D) FormCenter

(24) 下面关于命令 DO FORM XX NAME YY LINKED 的陈述中，正确的是（　　）。

    A) 产生表单对象引用变量 XX，在释放变量 XX 时自动关闭表单

    B) 产生表单对象引用变量 XX，在释放变量 XX 时并不关闭表单

    C) 产生表单对象引用变量 YY，在释放变量 YY 时自动关闭表单

    D) 产生表单对象引用变量 YY，在释放变量 YY 时并不关闭表单

(25) 表单里有一个选项按钮组，包含两个选项按钮 Option1 和 Option2，假设 Option2 没有设置 Click 事件代码，而 Option1 以及选项按钮和表单都设置了 Click 事件代码，那么当表单运行时，如果用户单击 Option2，系统将（　　）。

    A) 执行表单的 Click 事件代码　　　B) 执行选项按钮组的 Click 事件代码

    C) 执行 Option1 的 Click 事件代码　　D) 不会有反应

(26) 下列程序段执行以后，内存变量 X 和 Y 的值是（　　）。

```
CLEAR
STORE 3 TO X
STORE 5 TO Y
PLUS ((X),Y)
?X ,Y
PROCEDURE PLUS
PARAMETERS A1,A2
A1=A1+A2
A2=A1+A2
ENDPROC
```

    A) 8　　13　　　　　B) 3　　13　　　　　C) 3　　5　　　　　D) 8　　5

(27) 下列程序段执行以后，内存变量 y 的值是（　　）。

```
CLEAR
x=12345
y=0
DO WHILE x>0
```

```
y=y+x%10
x=int (x/10)
ENDDO
?y
```

A) 54321　　　　B) 12345　　　　C) 51　　　　D) 15

（28）下列程序段执行后，内存变量 S1 的值是（　　）。

```
S1="network"
S1=STUFF (S1,4,4,"BIOS" )
```

A) network　　　B) NetBIOS　　　C) net　　　D) BIOS

（29）在参照完整性规则的更新规则中"级联"的含义是（　　）。

　　A) 更新父表中的联接字段值时，用新的联接字段自动修改子表中的所有相关记录

　　B) 若子表中有与父表相关的记录，则禁止修改父表中的联接字段值

　　C) 父表中的联接字段值可以随意更新，不会影响子表中的记录

　　D) 父表中的联接字段值在任何情况下都不允许更新

（30）在查询设计器环境中，可以使用"查询"菜单中的"查询去向"命令指定查询结果的输出去向，输出去向不包括（　　）。

　　A) 临时表　　　B) 表　　　　C) 文本文件　　　D) 屏幕

（31）表单名为 myForm 的表单中有一个页框 myPageFrame，将该页框的第 3 页（Page3）的标题设置为"修改"，可以使用代码（　　）。

　　A) myForm . Page3 . myPageFrame . Caption ＝"修改"

　　B) myForm . myPageFrame . Caption . Page3 ＝"修改"

　　C) ThisForm . myPageFrame . Page3 . Caption ＝"修改"

　　D) ThisForm . myPageFrame . Caption . Page3 ＝ "修改"

（32）向一个项目中添加一个数据库，应该使用项目管理器的（　　）。

　　A) "代码"选项卡　　　　　　　　B) "类"选项卡

　　C) "文档"选项卡　　　　　　　　D) "数据"选项卡

下表是用 LIST 命令显示的"运动员"表的内容和结构，（33）～（35）题使用该表。

记录号	运动员号	投中2分球	投中3分球	罚球
1	1	3	4	5
2	2	2	1	3
1	3	0	0	0
4	4	5	6	7

（33）为"运动员"表增加一个字段"得分"的 SQL 语句是（　　）。

　　A) CHANGE TABLE 运动员 ADD 得分

　　B) ALTER DATA 运动员 ADD 得分

　　C) ALTER TABLE 运动员 ADD 得分

　　D) CHANGE TABLE 运动员 INSERT 得分

(34) 计算每名运动员的"得分"(33 题增加的字段)的正确 SQL 语句是(　　)。

　　A) UPDATE 运动员 FIELD 得分＝2 * 投中 2 分球＋3 * 投中 3 分球＋罚球

　　B) UPDATE 运动员 FIELD 得分 WITH 2 * 投中 2 分球＋3 * 投中 3 分球＋罚球

　　C) UPDATE 运动员 SET 得分 WITH 2 * 投中 2 分球＋3 * 投中 3 分球＋罚球

　　D) UPDATE 运动员 SET 得分＝2 * 投中 2 分球＋3 * 投中 3 分球＋罚球

(35) 检索"投中 3 分球"小于等于 5 个的运动员中"得分"最高的运动员的"得分",正确的 SQL 语句是(　　)。

　　A) SELECT MAX(得分)＝得分 FROM 运动员 WHERE 投中 3 分球＜＝5

　　B) SELECT MAX(得分)＝得分 FROM 运动员 WHEN 投中 3 分球＜＝5

　　C) SELECT 得分＝MAX(得分) FROM 运动员 WHERE 投中 3 分球＜＝5

　　D) SELECT 得分＝MAX(得分) FROM 运动员 WHEN 投中 3 分球＜＝5

二、填空题(每空 2 分,共 30 分)

请将每一个空的正确答案写在答题卡【1】~【15】序号的横线上,答在试卷上不得分。

注意:以命令关键字填空的必须拼写完整。

(1) 测试用例包括输入值集和　【1】　值集。

(2) 深度为 5 的满二叉树有　【2】　个叶子结点。

(3) 设某循环队列的容量为 50,头指针 front＝5(指向队头元素的前一位置),尾指针 rear＝29(指向队尾元素),则该循环队列中共有　【3】　个元素。

(4) 在关系数据库中,用来表示实体之间联系的是　【4】　。

(5) 在数据库管理系统提供的数据定义语言、数据操纵语言和数据控制语言中,　【5】　负责数据的模式定义与数据的物理存取构建。

(6) 在基本表中,要求字段名　【6】　重复。

(7) 在 SQL 的 SELECT 语句中,使用　【7】　子句可以消除结果中的重复记录。

(8) 在 SQL 的 WHERE 子句的条件表达式中,字符串匹配(模糊查询)的运算符是　【8】　。

(9) 在数据库系统中对数据库进行管理的核心软件是　【9】　。

(10) 使用 SQL 的 CREATE TABLE 语句定义表结构时,用　【10】　短语说明关键字(主索引)。

(11) 在 SQL 语句中要查询表 S 在 AGE 字段上取空值的记录,正确的 SQL 语句为:SELECT * FROM S WHERE　【11】　。

(12) 在 Visual FoxPro 中,使用 LOCATE ALL 命令按条件对表中的记录进行查找,若查不到记录,函数 EOF 的返回值应是　【12】　。

(13) 在 Visual FoxPro 中,假设当前文件夹中有菜单程序文件 mymenu. mpr,运行该菜单程序的命令是　【13】　。

(14) 在 Visual FoxPro 中,如果要在子程序中创建一个只在本程序中使用的变量 XL(不影响上级或下级的程序),应该使用　【14】　说明变量。

(15) 在 Visual FoxPro 中,在当前打开的表中物理删除带有删除标记的记录的命令是　【15】　。

2008 年 9 月笔试试卷

全国计算机等级考试二级 Visual FoxPro 数据库程序设计

（考试时间 90 分钟，满分 100 分）

一、选择题（每小题 2 分，共 70 分）

下列各题 A)、B)、C)、D)四个选项中，只有一个选项是正确的。请将正确选项涂写在答题卡相应位置上，答在试卷上不得分。

(1) 一个栈的初始状态为空。现将元素 1、2、3、4、5、A、B、C、D、E 依次入栈，然后再依次出栈，则元素出栈的顺序是（　　）。

A) 12345ABCDE
B) EDCBA54321
C) ABCDE12345
D) 54321EDCBA

(2) 下列叙述中正确的是（　　）。

A) 循环队列有队头和队尾两个指针，因此，循环队列是非线性结构
B) 在循环队列中，只需要队头指针就能反映队列中元素的动态变化情况
C) 在循环队列中，只需要队尾指针就能反映队列中元素的动态变化情况
D) 循环队列中元素的个数是由队头指针和队尾指针共同决定的

(3) 在长度为 n 的有序线性表中进行二分查找，在最坏情况下需要比较的次数是（　　）。

A) $O(n)$
B) $O(n^2)$
C) $O(\log_2 n)$
D) $O(n\log_2 n)$

(4) 下列叙述中正确的是（　　）。

A) 顺序存储结构的存储空间一定是连续的，链式存储结构的存储空间不一定是连续的
B) 顺序存储结构只针对线性结构，链式存储结构只针对非线性结构
C) 顺序存储结构能存储有序表，链式存储结构不能存储有序表
D) 链式存储结构比顺序存储结构节省存储空间

(5) 数据流图中带有箭头的线段表示的是（　　）。

A) 控制流　　　B) 事件驱动　　　C) 模块调用　　　D) 数据流

(6) 在软件开发中，在需求分析阶段可以使用的工具是（　　）。

A) N-S 图　　　B) DFD 图　　　C) PAD 图　　　D) 程序流程图

(7) 在面向对象方法中，不属于"对象"基本特点的是（　　）。

A) 一致性　　　B) 分类性　　　C) 多态性　　　D) 标识唯一性

(8) 一间宿舍可住多个学生，则实体宿舍和学生之间的联系是（　　）。

A) 一对一　　　B) 一对多　　　C) 多对一　　　D) 多对多

(9) 在数据管理技术发展的 3 个阶段中，数据共享最好的是（　　）。

A) 人工管理阶段
B) 文件系统阶段
C) 数据库系统阶段
D) 3 个阶段相同

(10) 有 3 个关系 *R*、*S* 和 *T* 如下,由关系 *R* 和 *S* 通过运算得到关系 *T*,则所使用的运算为(　　)。

R

A	B
m	1
n	2

S

B	C
1	3
3	5

T

A	B	C
m	1	3

    A) 笛卡儿积　　　　　B) 交　　　　　　C) 并　　　　　　D) 自然联接

(11) 设置表单标题的属性是(　　)。

    A) Title　　　　　　B) Text　　　　　C) Biaoti　　　　　D) Caption

(12) 释放和关闭表单的方法是(　　)。

    A) Release　　　　　B) Delete　　　　C) LostFocus　　　　D) Destory

(13) 从表中选择字段形成新关系的操作是(　　)。

    A) 选择　　　　　　B) 联接　　　　　C) 投影　　　　　　D) 并

(14) 使用 MODIFY COMMAND 命令建立的文件的默认扩展名是(　　)。

    A) .prg　　　　　　B) .app　　　　　C) .cmd　　　　　　D) .exe

(15) 声明数组后,数组元素的初值是(　　)。

    A) 整数 0　　　　　B) 不定值　　　　C) 逻辑真　　　　　D) 逻辑假

(16) 扩展名为 .mpr 的文件是(　　)。

    A) 菜单文件　　　　　　　　　　　B) 菜单程序文件

    C) 菜单备注文件　　　　　　　　　D) 菜单参数文件

(17) 下列程序段执行以后,内存变量 y 的值是(　　)。

```
x=76543
y=0
DO WHILE x>0
y=x%10+y*10
x=int(x/10)
ENDDO
```

    A) 3456　　　　　　B) 34567　　　　C) 7654　　　　　　D) 76543

(18) 在 SQL SELECT 查询中,为了将查询结果排序应该使用短语(　　)。

    A) ASC　　　　　　B) DESC　　　　C) GROUP BY　　　D) ORDER BY

(19) 设 a＝"计算机等级考试",结果为"考试"的表达式是(　　)。

    A) LEFT(a,4)　　　　　　　　　　B) RIGHT(a,4)

    C) LEFT(a,2)　　　　　　　　　　D) RIGHT(a,2)

(20) 关于视图和查询,以下叙述正确的是(　　)。

    A) 视图和查询都只能在数据库中建立

    B) 视图和查询都不能在数据库中建立

    C) 视图只能在数据库中建立

D) 查询只能在数据库中建立

(21) 在 SQL SELECT 语句中与 INTO TABLE 等价的短语是( )。

A) INTO DBF
B) TO TABLE
C) INTO FORM
D) INTO FILE

(22) CREATE DATABASE 命令用来建立( )。

A) 数据库 B) 关系 C) 表 D) 数据文件

(23) 欲执行程序 temp. prg,应该执行的命令是( )。

A) DO PRG temp. Prg
B) DO temp. prg
C) DO CMD temp. Prg
D) DO FORM temp. prg

(24) 执行命令 MyForm＝CreateObject（"Form"）可以建立一个表单,为了在屏幕上显示该表单,应该执行命令( )。

A) MyForm. List
B) MyForm. Display
C) MyForm. Show
D) MyForm. ShowForm

(25) 假设有 student 表,可以正确添加字段"平均分数"的命令是( )。

A) ALTER TABLE student ADD 平均分数 N(6,2)
B) ALTER DBF student ADD 平均分数 N6,2
C) CHANGE TABLE student ADD 平均分数 N(6,2)
D) CHANGE TABLE student INSERT 平均分数 6,2

(26) 页框控件也称为选项卡控件,在一个页框中可以有多个页面,页面个数的属性是( )。

A) Count B) Page C) Num D) PageCount

(27) 打开已经存在的表单文件的命令是( )。

A) MODIFY FORM
B) EDIT FORM
C) OPEN FORM
D) READ FORM

(28) 在菜单设计中,可以在定义菜单名称时为菜单项指定一个访问键。规定了菜单项的访问键为 x 的菜单名称定义是( )。

A) 综合查询\＜(x)
B) 综合查询/＜(x)
C) 综合查询(\＜x)
D) 综合查询(/＜x)

(29) 假定一个表单里有一个文本框 Text1 和一个命令按钮组 CommandGroup1。命令按钮组是一个容器对象,其中包含 Command1 和 Command2 两个命令按钮。如果要在 Command1 命令按钮的某个方法中访问文本框的 Value 属性值,正确的表达式是( )。

A) This. ThisForm. Text1. Value
B) This. Parent. Parent. Text1. Value
C) Parent. Parent. Text1. Value
D) This. Parent. Text1. Value

(30) 下面关于数据环境和数据环境中两个表之间关系的陈述中,正确的是( )。

A) 数据环境是对象,关系不是对象
B) 数据环境不是对象,关系是对象

C) 数据环境是对象,关系是数据环境中的对象

D) 数据环境和关系都不是对象

(31)～(35)使用如下关系:

客户(客户号,名称,联系人,邮政编码,电话号码);

产品(产品号,名称,规格说明,单价);

订购单(订单号,客户号,订购日期);

订购单名细(订单号,序号,产品号,数量)。

(31) 查询单价在 600 元以上的主机板和硬盘的正确命令是(　　　)。

    A) SELECT * FROM 产品 WHERE 单价＞600 AND (名称＝"主机板" AND
       名称＝"硬盘")

    B) SELECT * FROM 产品 WHERE 单价＞600 AND (名称＝"主机板" OR 名
       称＝"硬盘")

    C) SELECT * FROM 产品 FOR 单价＞600 AND (名称＝"主机板" AND 名
       称＝"硬盘")

    D) SELECT * FROM 产品 FOR 单价＞600 AND (名称＝"主机板" OR 名称
       ＝"硬盘")

(32) 查询客户名称中有"网络"二字的客户信息的正确命令是(　　　)。

    A) SELECT * FROM 客户 FOR 名称 LIKE "％网络％"

    B) SELECT * FROM 客户 FOR 名称＝"％网络％"

    C) SELECT * FROM 客户 WHERE 名称＝"％网络％"

    D) SELECT * FROM 客户 WHERE 名称 LIKE "％网络％"

(33) 查询尚未最后确定订购单的有关信息的正确命令是(　　　)。

    A) SELECT 名称,联系人,电话号码,订单号 FROM 客户,订购单
       WHERE 客户.客户号＝订购单.客户号 AND 订购日期 IS NULL

    B) SELECT 名称,联系人,电话号码,订单号 FROM 客户,订购单
       WHERE 客户.客户号＝订购单.客户号 AND 订购日期＝NULL

    C) SELECT 名称,联系人,电话号码,订单号 FROM 客户,订购单
       FOR 客户.客户号＝订购单.客户号 AND 订购日期 IS NULL

    D) SELECT 名称,联系人,电话号码,订单号 FROM 客户,订购单
       FOR 客户.客户号＝订购单.客户号 AND 订购日期＝NULL

(34) 查询订购单的数量和所有订购单平均金额的正确命令是(　　　)。

    A) SELECT COUNT (DISTINCT 订单号),AVG(数量 * 单价)
       FROM 产品 JOIN 订购单名细 ON 产品.产品号＝订购单名细.产品号

    B) SELECT COUNT(订单号),AVG (数量 * 单价)
       FROM 产品 JOIN 订购单名细 ON 产品.产品号＝订购单名细.产品号

    C) SELECT COUNT (DISTINCT 订单号),AVG (数量 * 单价)
       FROM 产品,订购单名细 ON 产品.产品号＝订购单名细.产品号

    D) SELECT COUNT(订单号),AVG (数量 * 单价)
       FROM 产品,订购单名细 ON 产品.产品号＝订购单名细.产品号

(35) 假设客户表中有客户号(关键字)C1～C10 共 10 条客户记录,订购单表有订单号(关键字)OR1～OR8 共 8 条订购单记录,并且订购单表参照客户表。如下命令可以正确执行的是(　　)。

A) INSERT INTO 订购单 VALUES ("OR5","C5",{^2008/10/10 })

B) INSERT INTO 订购单 VALUES ("OR5","C11",{^2008/10/10 })

C) INSERT INTO 订购单 VALUES ("OR9","C11",{^2008/10/10 })

D) INSERT INTO 订购单 VALUES ("OR9","C5",{^2008/10/10 })

二、填空题(每空 2 分,共 30 分)

请将每一个空的正确答案写在答题卡【1】～【15】序号的横线上,答在试卷上不得分。

注意:以命令关键字填空的必须拼写完整。

(1) 对下列二叉树进行中序遍历的结果是 __【1】__ 。

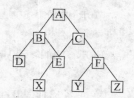

(2) 按照软件测试的一般步骤,集成测试应在 __【2】__ 测试之后进行。

(3) 软件工程的三要素为方法、工具和过程,其中, __【3】__ 支持软件开发的各个环节的控制和管理。

(4) 数据库设计包括概念设计、__【4】__ 和物理设计。

(5) 在二维表中,元组的 __【5】__ 不能再分成更小的数据项。

(6) SELECT * FROM student __【6】__ FILE student 命令是将查询结果存储在student.txt 文本文件中。

(7) LEFT ("12345.6789",LEN("子串"))的计算结果是 __【7】__ 。

(8) 不带条件的 SQL DELETE 命令将删除指定表的 __【8】__ 记录。

(9) 在 SQL SELECT 语句中为了将查询结果存储到临时表中应该使用 __【9】__ 短语。

(10) 每个数据库表可以建立多个索引,但是 __【10】__ 索引只能建立 1 个。

(11) 在数据库中可以设计视图和查询,其中 __【11】__ 不能独立存储为文件(存储在数据库中)。

(12) 在表单中设计一组复选框(CheckBox)控件是为了可以选择 __【12】__ 个或 __【13】__ 个选项。

(13) 为了隐藏在文本框中输入的信息(如显示 *),需要设置该控件的 __【14】__ 属性。

(14) 将一个项目编译成一个应用程序时,如果应用程序中包含需要用户修改的文件,必须将该文件标为 __【15】__ 。

2009 年 3 月笔试试卷

全国计算机等级考试二级 Visual FoxPro 数据库程序设计

（考试时间 90 分钟，满分 100 分）

一、选择题（每小题 2 分，共 70 分）

下列各题 A)、B)、C)、D) 四个选项中，只有一个选项是正确的，请将正确选项涂写在答题卡相应的位置上，答在试卷上不得分。

(1) 下列叙述中正确的是(　　)。

A) 栈是"先进先出"的线性表

B) 队列是"先进后出"的线性表

C) 循环队列是非线性结构

D) 有序线性表既可以采用顺序存储结构，也可以采用链式存储结构

(2) 支持子程序调用的数据结构是(　　)。

    A) 栈　　　　　　B) 树　　　　　　C) 队列　　　　　　D) 二叉树

(3) 某二叉树有 5 个度为 2 的结点，则该二叉树中的叶子结点数是(　　)。

    A) 10　　　　　　B) 8　　　　　　C) 6　　　　　　D) 4

(4) 在下列排序方法中，在最坏情况下比较次数最少的是(　　)。

    A) 冒泡排序　　　　　　　　　　B) 简单选择排序

    C) 直接插入排序　　　　　　　　D) 堆排序

(5) 软件按功能可以分为应用软件、系统软件和支撑软件（或工具软件）。下面属于应用软件的是(　　)。

    A) 编译程序　　　　　　　　　　B) 操作系统

    C) 教务管理系统　　　　　　　　D) 汇编程序

(6) 下面叙述中错误的是(　　)。

A) 软件测试的目的是发现错误并改正错误

B) 对被调试的程序进行错误定位是程序调试的必要步骤

C) 程序调试通常也称为 Debug

D) 软件测试应严格执行测试计划，排除测试的随意性

(7) 耦合性和内聚性是对模块独立性度量的两个标准。下列叙述中正确的是(　　)。

A) 提高耦合性、降低内聚性有利于提高模块的独立性

B) 降低耦合性、提高内聚性有利于提高模块的独立性

C) 耦合性是指一个模块内部各个元素间彼此结合的紧密程度

D) 内聚性是指模块间互相连接的紧密程度

(8) 数据库应用系统中的核心问题是(　　)。

    A) 数据库设计　　　　　　　　　B) 数据库系统设计

    C) 数据库维护　　　　　　　　　D) 数据库管理员培训

(9) 有两个关系 R、S 如下,由关系 R 通过运算得到关系 S,则所使用的运算为(　　)。

R		
A	B	C
a	3	2
b	0	1
c	2	1

S	
A	B
a	3
b	0
c	2

　　A) 选择　　　　　　B) 投影　　　　　　C) 插入　　　　　　D) 联接

(10) 将 E-R 图转换为关系模式时,实体和联系都可以表示为(　　)。

　　A) 属性　　　　　　B) 键　　　　　　C) 关系　　　　　　D) 域

(11) 数据库(DB)、数据库系统(DBS)和数据库管理系统(DBMS)三者之间的关系是(　　)。

　　A) DBS 包括 DB 和 DBMS　　　　　　B) DBMS 包括 DB 和 DBS

　　C) DB 包括 DBS 和 DBMS　　　　　　D) DBS 就是 DB,也就是 DBMS

(12) SQL 中的查询语句是(　　)。

　　A) INSERT　　　　　　B) UPDATE

　　C) DELETE　　　　　　D) SELECT

(13) 下列与修改表结构相关的命令是(　　)。

　　A) INSERT　　　　　　B) ALTER

　　C) UPDATE　　　　　　D) CREATE

(14) 对表 SC (学号 C(8),课程号 C(2),成绩 N(3),备注 C(20)),可以插入的记录是(　　)。

　　A) ("20080101","c1","90",null)

　　B) ("20080101","c1",90,"成绩优秀")

　　C) ("20080101","c1","90","成绩优秀")

　　D) ("20080101","c1","79","成绩优秀")

(15) 在表单中为表格控件指定数据源的属性是(　　)。

　　A) DataSource　　　　　　B) DataFrom

　　C) RecordSource　　　　　　D) RecordFrom

(16) 在 Visual FoxPro 中,下列关于 SQL 表定义语句(CREATE TABLE)的说法中错误的是(　　)。

　　A) 可以定义一个新的基本表结构

　　B) 可以定义表中的主关键字

　　C) 可以定义表的域完整性、字段有效性规则等

　　D) 对自由表,同样可以实现其完整性、有效性规则等信息的设置

(17) 在 Visual FoxPro 中,若所建立索引的字段值不允许重复,并且一个表中只能创

建一个,这种索引应该是(　　)。

    A) 主索引   B) 唯一索引   C) 候选索引   D) 普通索引

(18) 在 Visual FoxPro 中,用于建立或修改程序文件的命令是(　　)。

    A) MODIFY ＜文件名＞

    B) MODIFY COMMAND＜文件名＞

    C) MODIFY PROCEDURE＜文件名＞

    D) B 和 C 都对

(19) 在 Visual FoxPro 中,程序中不需要用 PUBLIC 等命令明确声明和建立,可直接使用的内存变量是(　　)。

    A) 局部变量   B) 私有变量   C) 公共变量   D) 全局变量

(20) 以下关于空值(NULL 值)叙述正确的是(　　)。

    A) 空值等于空字符串

    B) 空值等同于数值 0

    C) 空值表示字段或变量还没有确定的值

    D) Visual FoxPro 不支持空值

(21) 执行 USE sc IN 0 命令的结果是(　　)。

    A) 选择 0 号工作区打开 sc 表   B) 选择空闲的最小号工作区打开 sc 表

    C) 选择 1 号工作区打开 sc 表   D) 显示出错信息

(22) 在 Visual FoxPro 中,关系数据库管理系统所管理的关系是(　　)。

    A) 一个 DBF 文件   B) 若干个二维表

    C) 一个 DBC 文件   D) 若干个 DBC 文件

(23) 在 Visual FoxPro 中,下面描述正确的是(　　)。

    A) 数据库表允许对字段设置默认值

    B) 自由表允许对字段设置默认值

    C) 自由表或数据库表都允许对字段设置默认值

    D) 自由表或数据库表都不允许对字段设置默认值

(24) 在 SQL 的 SELECT 语句中,HAVING＜条件表达式＞用来筛选满足条件的(　　)。

    A) 列   B) 行   C) 关系   D) 分组

(25) 在 Visual FoxPro 中,假设表单上有一个选项组:○男⊙女,初始时该选项组的 Value 属性值为 1。若选项按钮"女"被选中,该选项组的 Value 属性值是(　　)。

    A) 1   B) 2   C) "女"   D) "男"

(26) 在 Visual FoxPro 中,假设在教师表 T(教师号,姓名,性别,职称,研究生导师)中,性别是 C 型字段,研究生导师是 L 型字段。若要查询"是研究生导师的女老师"信息,那么 SQL 语句 SELECT * FROM T WHERE ＜逻辑表达式＞中的＜逻辑表达式＞应是(　　)。

    A) 研究生导师 AND 性别＝"女"

    B) 研究生导师 OR 性别＝"女"

    C) 性别＝"女" AND 研究生导师＝.F.

D) 研究生导师 =.T. OR 性别＝女

(27) 在 Visual FoxPro 中,有如下程序,函数 IIF( )的返回值是(   )。

```
* 程序
PRIVATE X,Y
STORE "男" TO X
Y=LEN(X)+2
?IIF(Y<4,"男","女")
RETURN
```

A) "女"   B) "男"   C) .T.   D) .F.

(28) 在 Visual FoxPro 中,在每一个工作区中最多能打开数据库表的数量是(   )。

A) 1 个   B) 2 个

C) 任意个,根据内存资源而确定   D) 35 535 个

(29) 在 Visual ForPro 中,有关参照完整性的删除规则正确的描述是(   )。

A) 如果设置删除规则时选择的是"限制"选项,则当用户删除父表中的记录时,
系统将自动删除子表中的所有相关记录

B) 如果设置删除规则时选择的是"级联"选项,则当用户删除父表中的记录时,
系统将禁止删除与子表相关的父表中的记录

C) 如果设置删除规则时选择的是"忽略"选项,则当用户删除父表中的记录时,
系统不负责检查子表中是否有相关记录

D) 上面 3 种说法都不对

(30) 在 Visual FoxPro 中,报表的数据源不包括(   )。

A) 视图   B) 自由表   C) 查询   D) 文本文件

第(31)～(35)题基于学生表 S 和学生选课表 SC 两个数据库表,它们的结构如下:
S(学号,姓名,性别,年龄)其中,学号、姓名和性别为 C 型字段,年龄为 N 型字段。
SC(学号,课程号,成绩),其中,学号和课程号为 C 型字段,成绩为 N 型字段(初始为
空值)。

(31) 查询学生选修课程成绩小于 60 分的学号,正确的 SQL 语句是(   )。

A) SELECT DISTINCT 学号 FROM SC WHERE "成绩"<60

B) SELECT DISTINCT 学号 FROM SC WHERE 成绩<"60"

C) SELECT DISTINCT 学号 FROM SC WHERE 成绩<60

D) SELECT DISTINCT "学号" FROM SC WHERE "成绩"<60

(32) 查询学生表 S 的全部记录并存储于临时表文件 one 中的 SQL 命令是(   )。

A) SELECT * FROM 学生表 INTO CURSOR one

B) SELECT * FROM 学生表 TO CURSOR one

C) SELECT * FROM 学生表 INTO CURSOR DBF one

D) SELECT * FROM 学生表 TO CURSOR DBF one

(33) 查询成绩在 70～85 分之间学生的学号、课程号和成绩,正确的 SQL 语句
是(   )。

　　A）SELECT 学号,课程号,成绩 FROM SC WHERE 成绩 BETWEEN 70 AND 85

　　B）SELECT 学号,课程号,成绩 FROM SC WHERE 成绩≥70 OR 成绩≤85

　　C）SELECT 学号,课程号,成绩 FROM SC WHERE 成绩≥70 OR≤85

　　D）SELECT 学号,课程号,成绩 FROM SC WHERE 成绩≥70 AND≤85

（34）查询有选课记录,但没有考试成绩的学生的学号和课程号,正确的 SQL 语句是（　　）。

　　A）SELECT 学号,课程号 FROM SC WHERE 成绩＝""

　　B）SELECT 学号,课程号 FROM SC WHERE 成绩＝NULL

　　C）SELECT 学号,课程号 FROM SC WHERE 成绩 IS NULL

　　D）SELECT 学号,课程号 FROM SC WHERE 成绩

（35）查询选修 C2 课程号的学生姓名,下列 SQL 语句中错误是（　　）。

　　A）SELECT 姓名 FROM S WHERE EXIST（SELECT * FROM SC WHERE 学号＝S.学号 AND 课程号＝'C2'）

　　B）SELECT 姓名 FROM S WHERE 学号 IN（SELECT 学号 FROM SC WHERE 课程号＝'C2'）

　　C）SELECT 姓名 FROM S JOIN SC ON S.学号＝SC.学号 WHERE 课程号＝'C2'

　　D）SELECT 姓名 FROM S WHERE 学号＝（SELECT 学号 FROM SC WHERE 课程号＝'C2'）

二、填空题（每空 2 分,共 30 分）

请将每一个空的正确答案写在答题卡【1】～【15】序号的横线上,答在试卷上不得分。

注意:以命令关键字填写的必须拼写完整。

（1）假设用一个长度为 50 的数组（数组元素的下标为 0～49）作为栈的存储空间,栈底指针 bottom 指向栈底元素,栈顶指针 top 指向栈顶元素,如果 bottom＝49,top＝30（数组下标）,则栈中具有　【1】　个元素。

（2）软件测试可分为白盒测试和黑盒测试。基本路径测试属于　【2】　测试。

（3）符合结构化原则的 3 种基本控制结构是选择结构、循环结构和　【3】　。

（4）数据库系统的核心是　【4】　。

（5）在 E-R 图中,图形包括矩形框、菱形框、椭圆框。其中表示实体联系的是　【5】　框。

（6）所谓自由表就是那些不属于任何　【6】　的表。

（7）常量{^2009-10-01 15:30:00}的数据类型是　【7】　。

（8）利用 SQL 语句的定义功能建立一个课程表,并且为课程号建立主索引,语句格式为：CREATE TABLE 课程表（课程号 C(5)　【8】　,课程名 C(30)）。

（9）在 Visual FoxPro 中,程序文件的扩展名是　【9】　。

（10）在 Visual FoxPro 中,SELECT 语句能够实现投影、选择和　【10】　3 种专门的关系运算。

（11）在 Visual FoxPro 中,LOCATE ALL 命令按条件对某个表中的记录进行查找,若查不到满足条件的记录,函数 EOF() 的返回值应是　【11】　。

(12) 在 Visual FoxPro 中,设有一个学生表 STUDENT,其中有"学号"、"姓名"、"年龄"、"性别"等字段,用户可以用命令"__【12】__ 年龄 WITH 年龄＋1"将表中所有学生的年龄增加 1 岁。

(13) 在 Visual FoxPro 中,有如下程序:

```
* 程序名：TEST.PRG
SET TALK OFF
PRIVATE X,Y
X="数据库"
Y="管理系统"
DO subl
? X+Y
RETURN
* 子程序：subl
PROCEDU subl
LOCAL X
X="应用"
Y="系统"
X=X+Y
RETURN
```

执行命令 DO TEST 后,屏幕显示的结果应是 __【13】__。

(14) 使用 SQL 语言的 SELECT 语句进行分组查询时,如果希望去掉不满足条件的分组,应当在 GROUP BY 中使用 __【14】__ 子句。

(15) 设有 SC(学号,课程号,成绩)表,用下面的 SELECT 语句检索成绩高于或等于平均成绩的学生的学号。

```
SETECT 学号 FROM SC WHERE 成绩>= (SELECT __【15】__ FROM SC)
```

2009 年 9 月笔试试卷

全国计算机等级考试二级 Visual FoxPro 数据库程序设计

（考试时间 90 分钟，满分 100 分）

一、选择题（每小题 2 分，共 70 分）

下列各题 A)、B)、C)、D) 四个选项中，只有一个选项是正确的。请将正确选项填涂在答题卡相应位置上，答在试卷上不得分。

(1) 下列数据结构中，属于非线性结构的是（　　）。

　　A) 循环队列　　　　　　B) 带链队列　　　　　C) 二叉树　　　　　D) 带链栈

(2) 下列数据结构中，能够按照"先进后出"的原则组织数据的是（　　）。

　　A) 循环队列　　　　　　B) 栈　　　　　　　　C) 队列　　　　　D) 二叉树

(3) 对于循环队列，下列叙述中正确的是（　　）。

　　A) 队头指针是固定不变的

　　B) 队头指针一定大于队尾指针

　　C) 队头指针一定小于队尾指针

　　D) 队头指针可以大于队尾指针，也可以小于队尾指针

(4) 算法的空间复杂度是指（　　）。

　　A) 算法在执行过程中所需要的计算机存储空间

　　B) 算法所处理的数据量

　　C) 算法程序中的语句或指令条数

　　D) 算法在执行过程中所需要的临时工作单元数

(5) 在软件设计中划分模块的一个准则是（　　）。

　　A) 低内聚低耦合　　　　　　　　　　　　B) 高内聚低耦合

　　C) 低内聚高耦合　　　　　　　　　　　　D) 高内聚高耦合

(6) 下列选项中不属于结构化程序设计原则的是（　　）。

　　A) 可封装　　　　　B) 自顶向下　　　　　C) 模块化　　　　　D) 逐步求精

(7) 软件详细设计产生的图如下，该图是（　　）。

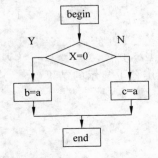

　　A) N-S 图　　　　　B) PAD 图　　　　　C) 程序流程图　　　　　D) E-R 图

(8) 数据库管理系统是（　　　）。

    A) 操作系统的一部分　　　　　　　　B) 在操作系统支持下的系统软件

    C) 一种编译系统　　　　　　　　　　D) 一种操作系统

(9) 在 E-R 图中,用来表示实体联系的图形是（　　　）。

    A) 椭圆形　　　　　　B) 矩形　　　　　　C) 菱形　　　　　　D) 三角形

(10) 有 3 个关系 *R*、*S* 和 *T* 如下,其中关系 *T* 由关系 *R* 和 *S* 通过某种操作得到,该操作为（　　　）。

R

A	B	C
a	1	2
b	2	1
c	3	1

S

A	B	C
d	3	2

T

A	B	C
a	1	2
b	2	1
c	3	1
d	3	2

    A) 选择　　　　　　B) 投影　　　　　　C) 交　　　　　　D) 并

(11) 设置文本框显示内容的属性是（　　　）。

    A) Value　　　　　　B) Caption　　　　　　C) Name　　　　　　D) InputMask

(12) 语句 LIST MEMORY LIKE a * 能够显示的变量不包括（　　　）。

    A) a　　　　　　B) a1　　　　　　C) ab2　　　　　　D) ba3

(13) 计算结果不是字符串"teacher"的语句是（　　　）。

    A) AT("myteacher",3,7)　　　　　　B) SUBSTR("myteacher",3,7)

    C) RIGHT("myteacher",7)　　　　　　D) LEFT("teacher",7)

(14) 学生表中有"学号"、"姓名"和"年龄"3 个字段,SQL 语句"SELECT 学号 FROM 学生"完成的操作称为（　　　）。

    A) 选择　　　　　　B) 投影　　　　　　C) 联接　　　　　　D) 并

(15) 报表的数据源不包括（　　　）。

    A) 视图　　　　　　B) 自由表　　　　　　C) 数据库表　　　　　　D) 文本文件

(16) 使用索引的主要目的是（　　　）。

    A) 提高查询速度　　　　　　　　　　B) 节省存储空间

    C) 防止数据丢失　　　　　　　　　　D) 方便管理

(17) 表单文件的扩展名是（　　　）。

    A) .frm　　　　　　B) .prg　　　　　　C) .scx　　　　　　D) .vcx

(18) 下列程序段执行时在屏幕上显示的结果（　　　）。

```
DIM a(6)
a(1)=1
a(2)=1
FOR i=3 TO 6
a(i)=a(i-1)+a(i-2)
```

```
NEXT
?a(6)
```

A) 5   B) 6   C) 7   D) 8

(19) 下列程序段执行时在屏幕上显示的结果是( )。

```
*程序
X1=20
X2=30
SET udfparms TO value
DO test WITH x1,x2
?x1,x2
PROCEDURE test
PARAMETERS a,b
X=a
A=b
B=x
ENDPROC
```

A) 30 30   B) 30 20   C) 20 20   D) 20 30

(20) 以下关于"查询"的正确描述是( )。

A) 查询文件的扩展名为.prg   B) 查询保存在数据库文件中

C) 查询保存在表文件中   D) 查询保存在查询文件中

(21) 以下关于"视图"的正确描述是( )。

A) 视图独立于表文件   B) 视图不可更新

C) 视图只能从一个表派生出来   D) 视图可以删除

(22) 为了隐藏在文本框中输入的信息,用占位符代替用户输入的字符显示,需要设置的属性是( )。

A) Value   B) ControlSource

C) InputMask   D) PasswordChar

(23) 假设某表单的 Visible 属性的初值为.F.,能将其设置为.T.的方法是( )。

A) Hide   B) Show   C) Release   D) Setfocus

(24) 在数据库中建立表的命令是( )。

A) CREATE   B) CREATE DATABASE

C) CREATE QUERY   D) CREATE FORM

(25) 将隐藏的 meform 表单显示在屏幕上的命令是( )。

A) meform. Display   B) meform. Show

C) meform. List   D) meform. See

(26) 在表设计器的"字段"选项卡中,字段有效性的设置项中不包括( )。

A) 规则   B) 信息   C) 默认值   D) 标题

(27) 若在 SQL 语句中的 ORDER BY 短语中指定了多个字段,则( )。

A) 依次按自右至左的字段顺序排序   B) 只按第一个字段排序

C) 依次按自左至右的字段顺序排序   D) 无法排序

(28) 在 Visual FoxPro 中,下面关于属性、方法和事件的叙述错误的是(　　)。

     A) 属性用于描述对象的状态,方法用于表示对象的行为

     B) 基于同一个类产生的两个对象可以分别设置自己的属性值

     C) 事件代码也可以像方法一样被显式调用

     D) 在创建一个表单时。可以添加新的属性、方法和事件

(29) 下列函数中返回类型为数值型的是(　　)。

     A) STR   B) VAL   C) DTOC   D) TTOC

(30) 与"SELECT * FROM 教师表 INTO DBF a"等价的语句是(　　)。

     A) SELECT * FROM 教师表 TO DBF a

     B) SELECT * FROM 教师表 TO TABLE a

     C) SELECT * FROM 教师表 INTO TABLE a

     D) SELECT * FROM 教师表 INTO a

(31) 查询"教师表"的全部记录并存储于临时文件 one. dbf 中的 SQL 命令是(　　)。

     A) SELECT * FROM 教师表 INTO CURSOR one

     B) SELECT * FROM 教师表 TO CURSOR one

     C) SELECT * FROM 教师表 INTO CURSOR DBF one

     D) SELECT * FROM 教师表 TO CURSOR DBF one

(32) "教师表"中有"职工号"、"姓名"和"工龄"字段,其中"职工号"为主关键字,建立"教师表"的 SQL 命令是(　　)。

     A) CREATE TABLE 教师表(职工号 C(10) PRIMARY,姓名 C(20),工龄 I)

     B) CREATE TABLE 教师表(职工号 C(10) FOREIGN,姓名 C(20),工龄 I)

     C) CREATE TABLE 教师表(职工号 C(10) FOREIGN KEY,姓名 C(20),工龄 I)

     D) CREATE TABLE 教师表(职工号 C(10) PRIMARY KEY,姓名 C(20),工龄 I)

(33) 创建一个名为 student 的新类,保存新类的类库名称是 mylib,新类的父类是 person,正确的命令是(　　)。

     A) CREATE CLASS mylib OF student AS person

     B) CREATE CLASS student OF person AS mylib

     C) CREATE CLASS student OF mylib AS person

     D) CREATE CLASS person OF mylib AS student

(34) "教师表"中有"职工号"、"姓名"、"工龄"和"系号"等字段,"学院表"中有"系名"和"系号"等字段,计算"计算机"系教师总数的命令是(　　)。

     A) SELECT COUNT(*)FROM 教师表 INNER JOIN 学院表;

         ON 教师表. 系号＝学院表. 系号 WHERE 系名＝"计算机"

     B) SELECT COUNT(*)FROM 教师表 INNER JOIN 学院表;

         ON 教师表. 系号＝学院表. 系号 ORDER BY 教师表. 系号;

         HAVING 学院表. 系名＝"计算机"

C) SELECT SUM（＊）FROM 教师表 INNER JOIN 学院表；
　　ON 教师表．系号＝学院表．系号 GROUP BY 教师表．系号；
　　HAVING 学院表．系名＝"计算机"

D) SELECT SUM（＊）FROM 教师表 INNER JOIN 学院表；
　　ON 教师表．系号＝学院表．系号 ORDER BY 教师表．系号；
　　HAVING 学院表．系名＝"计算机"

（35）"教师表"中有"职工号"、"姓名"、"工龄"和"系号"等字段，"学院表"中有"系名"和"系号"等字段，求教师总数最多的系的教师人数，正确的命令是（　　　）。

A) SELECT 教师表．系号，COUNT（＊）AS 人数 FROM 教师表，学院表；
　　GROUP BY 教师表．系号 INTO DBF temp
　　SELECT MAX（人数）FROM TEMP

B) SELECT 教师表．系号，COUNT（＊）FROM 教师表，学院表；
　　WHERE 教师表．系号＝学院表．系号 GROUP BY 教师表．系号 INTO
　　DBF temp
　　SELECT MAX（人数）FROM TEMP

C) SELECT 教师表．系号，COUNT（＊）AS 人数 FROM 教师表，学院表；
　　WHERE 教师表．系号＝学院表．系号 GROUP BY 教师表．系号 TO
　　FILE temp
　　SELECT MAX（人数）FORM temp

D) SELECT 教师表．系号，COUNT（＊）AS 人数 FROM 教师表，学院表；
　　WHERE 教师表．系号＝学院表．系号 GROUP BY 教师表．系号 INTO
　　DBF temp
　　SELECT MAX（人数）FROM temp

二、填空题（每空 2 分，共 30 分）

请将每一个空的正确答案写在答题卡【1】～【15】序号的横线上，答在试卷上不得分。

注意：以命令关键字填空的必须拼写完整。

（1）某二叉树有 5 个度为 2 的结点以及 3 个度为 1 的结点，则该二叉树中共有 【1】 个结点。

（2）程序流程图中的菱形框表示的是 【2】 。

（3）软件开发过程主要分为需求分析、设计、编码与测试 4 个阶段，其中 【3】 阶段产生"软件需求规格说明书"。

（4）在数据库技术中，实体集之间的联系可以是一对一或一对多或多对多的，那么"学生"和"可选课程"的联系为 【4】 。

（5）人员基本信息一般包括身份证号，姓名，性别，年龄等。其中可以作为主关键字的是 【5】 。

（6）命令按钮的 Cancel 属性的默认值是 【6】 。

（7）在关系操作中，从表中取出满足条件的元组的操作称为 【7】 。

（8）在 Visual FoxPro 中，表示时间 2009 年 3 月 3 日的常量应写为 【8】 。

（9）在 Visual FoxPro 中的"参照完整性"对话框中，"插入规则"包括的选项是"限制"和 【9】 。

（10）删除视图 MyView 的命令是 【10】 。

（11）查询设计器中的"分组依据"选项卡与 SQL 语句的 【11】 短语对应。

（12）项目管理器的"数据"选项卡用于显示和管理数据库、查询、视图和 【12】 。

（13）可以使编辑框的内容处于只读状态的两个属性是 ReadOnly 和 【13】 。

（14）为"成绩"表中的"总分"字段增加有效性规则："总分必须大于等于 0 并且小于等于 750"，正确的 SQL 语句是 【14】 TABLE 成绩 ALTER 总分 【15】 总分＞＝0 AND 总分＜＝750。

2010 年 3 月笔试试卷

全国计算机等级考试二级 Visual FoxPro 数据库程序设计

（考试时间 90 分钟，满分 100 分）

一、选择题（每小题 2 分，共 70 分）

下列各题 A)、B)、C)、D)四个选项中，只有一个选项是正确的。请将正确选项填涂在答题卡相应位置上，答在试卷上不得分。

(1) 下列叙述中正确的是（　　）。

A) 对长度为 n 的有序链表进行查找，在最坏情况下需要的比较次数为 n

B) 对长度为 n 的有序链表进行二分查找，在最坏情况下需要的比较次数为 $(n/2)$

C) 对长度为 n 的有序链表进行二分查找，在最坏情况下需要的比较次数为 $(\log_2 n)$

D) 对长度为 n 的有序链表进行二分查找，在最坏情况下需要的比较次数为 $(n\log_2 n)$

(2) 算法的时间复杂度是指（　　）。

A) 算法的执行时间

B) 算法所处理的数据量

C) 算法程序中的语句或指令条数

D) 算法在执行过程中所需要的基本运算次数

(3) 软件按功能可以分为应用软件、系统软件和支撑软件（或工具软件）。下面属于系统软件的是（　　）。

A) 编辑软件　　　　B) 操作系统　　　　C) 教务管理系统　　　　D) 浏览器

(4) 软件（程序）调试的任务是（　　）。

A) 诊断和改正程序中的错误

B) 尽可能多地发现程序中的错误

C) 发现并改正程序中的所有错误

D) 确定程序中错误的性质

(5) 数据流程图（DFD 图）是（　　）。

A) 软件概要设计的工具

B) 软件详细设计的工具

C) 结构化方法的需求分析工具

D) 面向对象方法的需求分析工具

(6) 软件生命周期可分为定义阶段、开发阶段和维护阶段。详细设计属于（　　）。

A) 定义阶段

B) 开发阶段

C) 维护阶段

D) 上述 3 个阶段

(7) 数据库管理系统中负责数据模式定义的语言是（　　）。

A) 数据定义语言

B) 数据管理语言

C) 数据操纵语言

D) 数据控制语言

(8) 在学生管理的关系数据库中,存取一个学生信息的数据单位是( )。

A) 文件 B) 数据库 C) 字段 D) 记录

(9) 在数据库设计中,用 E-R 图来描述信息结构,但不涉及信息在计算机中的表示,它属于数据库设计的( )。

A) 需求分析阶段 B) 逻辑设计阶段

C) 概念设计阶段 D) 物理设计阶段

(10) 有两个关系 R 和 T 如下,则由关系 R 得到关系 T 的操作是( )。

R		
A	B	C
a	1	2
b	2	2
c	3	2
d	3	2

T		
A	B	C
c	3	2
d	3	2

A) 选择 B) 投影 C) 交 D) 并

(11) 在 Visual FoxPro 中,编译后的程序文件的扩展名为( )。

A) .prg B) .exe C) .dbc D) .fxp

(12) 假设表文件 TEST.dbf 已经在当前工作区打开,要修改其结构,可以使用命令( )。

A) MODI STRU B) MODI COMM TEST

C) MODI DBF D) MODI TYPE TEST

(13) 为当前表中所有学生的总分增加 10 分,可以使用的命令是( )。

A) CHANGE 总分 WITH 总分+10

B) REPLACE 总分 WITH 总分+10

C) CHANGE ALL 总分 WITH 总分+10

D) REPLACE ALL 总分 WITH 总分+10

(14) 在 Visual FoxPro 中,下面关于属性、事件、方法叙述错误的是( )。

A) 属性用于描述对象的状态

B) 方法用于表示对象的行为

C) 事件代码也可以像方法一样被显式调用

D) 基于同一个类产生的两个对象的属性不能分别设置自己的属性值

(15) 有如下赋值语句,结果为"大家好"的表达式是( )。

a="你好"
b="大家"

A) b+AT(a,1) B) b+RIGHT(a,1)

C) b+LEFT(a,3,4) D) b+RIGHT(a,2)

(16) 在 Visual FoxPro 中,"表"是指( )。

A) 报表 B) 关系 C) 表格控件 D) 表单

(17) 在下面的 Visual FoxPro 表达式中,运算结果为逻辑真的是(　　　)。

A) EMPTY(. NULL.)　　　　　　　　B) LIKE('xy? ','xyz')

C) AT('xy','abcxyz')　　　　　　　　D) ISNULL(SPACE(0))

(18) 以下关于视图的描述正确的是(　　　)。

A) 视图和表一样包含数据　　　　　B) 视图物理上不包含数据

C) 视图定义保存在命令文件中　　　D) 视图定义保存在视图文件中

(19) 以下关于关系的说法正确的是(　　　)。

A) 列的次序非常重要　　　　　　　B) 行的次序非常重要

C) 列的次序无关紧要　　　　　　　D) 关键字必须指定为第一列

(20) 报表的数据源可以是(　　　)。

A) 表或视图　　　　　　　　　　　B) 表或查询

C) 表、查询或视图　　　　　　　　D) 表或其他报表

(21) 在表单中为表格控件指定数据源的属性是(　　　)。

A) DataSource　　　　　　　　　　B) RecordSource

C) DataFrom　　　　　　　　　　　D) RecordFrom

(22) 如果指定参照完整性的删除规则为"级联",则当删除父表中的记录时(　　　)。

A) 系统自动备份父表中被删除记录到一个新表中

B) 若子表中有相关记录,则禁止删除父表中的记录

C) 会自动删除子表中的所有相关记录

D) 不做参照完整性检查,删除的父表记录与子表无关

(23) 为了在报表中打印当前时间,这时应该插入一个(　　　)。

A) 表达式控件　　　B) 域控件　　　　C) 标签控件　　　　D) 文本控件

(24) 以下关于查询的描述正确的是(　　　)。

A) 不能根据自由表建立查询　　　　B) 只能根据自由表建立查询

C) 只能根据数据库表建立查询　　　D) 可以根据数据库表和自由表建立查询

(25) SQL 的更新命令的关键词是(　　　)。

A) INSERT　　　　B) UPDATE　　　　C) CREATE　　　　D) SELECT

(26) 将当前表单从内存中释放的正确语句是(　　　)。

A) ThisForm. Close　　　　　　　　B) ThisForm. Clear

C) ThisForm. Release　　　　　　　D) ThisForm. Refresh

(27) 假设"职员"表已在当前工作区打开,其当前记录的"姓名"字段值为"李彤"(C 型字段)。在"命令"窗口中输入并执行如下命令:

```
姓名=姓名- "出勤"
?姓名
```

屏幕上会显示(　　　)。

A) 李彤　　　　B) 李彤 出勤　　　　C) 李彤出勤　　　　D) 李彤-出勤

（28）假设"图书"表中有 C 型字段"图书编号"，要求将图书编号以字母 A 开头的图书记录全部打上删除标记，可以使用 SQL 命令（　　）。

A）DELETE FROM 图书 FOR 图书编号＝"A"

B）DELETE FROM 图书 WHERE 图书编号＝"A％"

C）DELETE FROM 图书 FOR 图书编号＝"A＊"

D）DELETE FROM 图书 WHERE 图书编号 LIKE "A％"

（29）下列程序段的输出结果是（　　）。

```
ACCEPT TO A
IF A=[123]
S=0
ENDIF
S=1
?S
```

A）0　　　　　　B）1　　　　C）123　　　　　D）由 A 的值决定

第（30）～（35）题基于"图书"表、"读者"表和"借阅"表 3 个数据库表，它们的结构如下：

图书（图书编号，书名，第一作者，出版社）："图书编号"、"书名"、"第一作者"和"出版社"为 C 型字段，"图书编号"为主关键字；

读者（借书证号，单位，姓名，职称）："借书证号"、"单位"、"姓名"、"职称"为 C 型字段，"借书证号"为主关键字；

借阅（借书证号，图书编号，借书日期，还书日期）："借书证号"和"图书编号"为 C 型字段，"借书日期"和"还书日期"为 D 型字段，"还书日期"默认值为 NULL，"借书证号"和"图书编号"共同构成主关键字。

（30）查询第一作者为"张三"的所有书名及出版社，正确的 SQL 语句是（　　）。

A）SELECT 书名，出版社 FROM 图书 WHERE 第一作者＝张三

B）SELECT 书名，出版社 FROM 图书 WHERE 第一作者＝"张三"

C）SELECT 书名，出版社 FROM 图书 WHERE"第一作者"＝张三

D）SELECT 书名，出版社 FROM 图书 WHERE"第一作者"＝"张三"

（31）查询尚未归还书的图书编号和借书日期，正确的 SQL 语句是（　　）。

A）SELECT 图书编号，借书日期 FROM 借阅 WHERE 还书日期＝" "

B）SELECT 图书编号，借书日期 FROM 借阅 WHERE 还书日期＝NULL

C）SELECT 图书编号，借书日期 FROM 借阅 WHERE 还书日期 IS NULL

D）SELECT 图书编号，借书日期 FROM 借阅 WHERE 还书日期

（32）查询"读者"表的所有记录并存储于临时表文件 one 中的 SQL 语句是（　　）。

A）SELECT ＊ FROM 读者 INTO CURSOR one

B）SELECT ＊ FROM 读者 TO CURSOR one

C）SELECT ＊ FROM 读者 INTO CURSOR DBF one

D）SELECT ＊ FROM 读者 TO CURSOR DBF one

(33) 查询单位名称中含"北京"字样的所有读者的借书证号和姓名,正确的 SQL 语句是（　　）。

    A) SELECT 借书证号,姓名 FROM 读者 WHERE 单位＝"北京％"

    B) SELECT 借书证号,姓名 FROM 读者 WHERE 单位＝"北京＊"

    C) SELECT 借书证号,姓名 FROM 读者 WHERE 单位 LIKE "北京＊"

    D) SELECT 借书证号,姓名 FROM 读者 WHERE 单位 LIKE "％北京％"

(34) 查询 2009 年被借过书的图书编号和借书日期,正确的 SQL 语句是（　　）。

    A) SELECT 图书编号,借书日期 FROM 借阅 WHERE 借书日期＝2009

    B) SELECT 图书编号,借书日期 FROM 借阅 WHERE YEAR（借书日期）＝2009

    C) SELECT 图书编号,借书日期 FROM 借阅 WHERE 借书日期＝YEAR（2009）

    D) SELECT 图书编号,借书日期 FROM 借阅 WHERE YEAR（借书日期）＝YEAR（2009）

(35) 查询所有"工程师"读者借阅过的图书编号,正确的 SQL 语句是（　　）。

    A) SELECT 图书编号 FROM 读者,借阅 WHERE 职称＝"工程师"

    B) SELECT 图书编号 FROM 读者,图书 WHERE 职称＝"工程师"

    C) SELECT 图书编号 FROM 借阅 WHERE 图书编号＝（SELECT 图书编号 FROM 借阅 WHERE 职称＝"工程师"）

    D) SELECT 图书编号 FROM 借阅 WHERE 借书证号 IN（SELECT 借书证号 FROM 读者 WHERE 职称＝"工程师"）

二、填空题（每空 2 分,共 30 分）

请将每一个空的正确答案写在答题卡【1】～【15】序号的横线上,答在试卷上不得分。

注意：以命令关键字填空的必须拼写完整。

(1) 一个队列的初始状态为空。现将元素 A,B,C,D,E,F,5,4,3,2,1 依次入队,然后再依次出队,则元素出队的顺序为　【1】　。

(2) 设某循环队列的容量为 50,如果头指针 front＝45（指向队头元素的前一位置）,尾指针 rear＝10（指向队尾元素）,则该循环队列中共有　【2】　个元素。

(3) 设二叉树如下,对该二叉树进行后序遍历的结果为　【3】　。

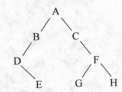

(4) 软件是　【4】　、数据和文档的集合。

(5) 有一个学生选课的关系,其中学生的关系模式为：学生（学号,姓名,班级,年龄）,课程的关系模式为：课程（课号,课程名,学时）,其中两个关系模式的主键分别是"学号"和"课号",则关系模式选课可定义为：选课(学号，__【5】__,成绩)。

(6) 为表建立主索引或候选索引可以保证数据的 __【6】__ 完整性。

(7) 已有查询文件 queryone. qpr,要执行该查询文件可使用命令 __【7】__。

(8) 在 Visual FoxPro 中,职工表 EMP 中包含有通用型字段,表中通用型字段中的数据均存储到另一个文件中,该文件名为 __【8】__。

(9) 在 Visual FoxPro 中,建立数据库表时,将年龄字段值限制在 18~45 岁之间的这种约束属于 __【9】__ 完整性约束。

(10) 设有学生和班级两个实体,每个学生只能属于一个班级,一个班级可以有多名学生,则学生和班级实体之间的联系类型是 __【10】__。

(11) Visual ForPro 数据库系统所使用的数据的逻辑结构是 __【11】__。

(12) 在 SQL 语言中,用于对查询结果计数的函数是 __【12】__。

(13) 在 SQL 的 SELECT 查询中,使用 __【13】__ 关键词消除查询结果中的重复记录。

(14) 为"学生"表的"年龄"字段增加有效性规则"年龄必须在 18~45 岁之间"的 SQL 语句是：ALTER TABLE 学生 ALTER 年龄 __【14】__ 年龄<=45 AND 年龄>=18。

(15) 使用 SQL SELECT 语句进行分组查询时,有时要求分组满足某个条件时才查询,这时可以用 __【15】__ 子句来限定分组。

2008 年 4 月笔试试卷参考答案及解析

一、选择题

(1) C。【解析】　本题考查的是程序流程图的相关知识。在流程图中矩形表示处理，菱形表示判断，带箭头的线表示控制流。

(2) A。【解析】　结构化程序设计方法的主要原则可以概括为：自顶向下、逐步求精、模块化和限制使用 GOTO 语句，而多态性是面向对象程序设计方法的特点。

(3) B。【解析】　耦合和内聚是判断模块独立性的两个标准，模块的内聚性越强，其耦合性就越弱，软件设计标准遵循高内聚低耦合的原则。

(4) B。【解析】　需求分析的最终结果是生成软件需求规格说明书，可以为用户、分析人员和设计人员之间的交流提供方便，支持目标的确认，也可以作为软件开发进程的依据。

(5) A。【解析】　算法的有穷性是指算法必须在有限的时间内完成，即算法必须在执行有限个步骤之后终止。

(6) D。【解析】　各种排序方法在最坏情况下需要的比较次数分别为：快速排序 $n(n-1)/2$、冒泡排序 $n(n-1)/2$、简单插入排序 $n(n-1)/2$、堆排序 $O(n\log_2 n)$、希尔排序 $O(n1.5)$、简单选择排序 $n(n-1)/2$。

(7) B。【解析】　栈的定义是允许在一端进行插入和删除的线性表，允许插入和删除数据的一端称为栈顶，另一端称为栈底，栈是按照"先进后出"原则组织数据的，所以栈又叫做"先进后出"表或"后进先出"表。

(8) C。【解析】　数据库的设计阶段包括需求分析、概念设计、逻辑设计和物理设计，其中 E-R 图转换成关系数据模型的过程属于逻辑设计阶段。

(9) D。【解析】　关系 R 和 S 进行交运算得到的关系是既在 R 内又在 S 内的有序组，即为 $R\cap S$。

(10) C。【解析】　关键字是指属性或属性组的组合，其值能够唯一地标识一个元组。在表 SC 中，学号和课号的组合可以唯一标识一个元组，所以 SC 的关键字为"学号"和"课号"的组合。

(11) D。【解析】　该题考查 Visual FoxPro 中各种文件类型的扩展名，.mnx 是菜单文件的扩展名。

(12) D。【解析】　该题主要考查取子串函数的使用。同时，一个汉字在计算机中占两个字符，故要取得一个完整的汉字字符，必须指定字符长度为 2。在字符串"计算机"中，可利用 RIGHT() 函数从右侧取得"机"字符。LEFT() 和 RIGHT() 函数只能从左边或右边第一个字符开始截取指定长度的字符串，而不能从指定位置开始截取指定长度的字符串。故正确答案为 D。

(13) B。【解析】　该题考查 Visual FoxPro 的数据类型。变量 X 是一个日期时间型数据，用 T 表示；变量 Y 是一个逻辑型数据，用 L 表示；变量 M 是一个货币型数据，用

Y 表示;变量 N 是一个数值型数据,用 N 表示;变量 Z 是一个字符型数据,用 C 表示。故正确答案为 B。

(14) C。【解析】 当对两个字符串进行一般比较时,其相等与否还和 Visual FoxPro 中的一条设置命令 SET EXACT ON/OFF 有关。当处于系统默认的 SET EXACT OFF 状态时,只要运算符＝右边的字符串与左边字符串的前面内容相匹配,即认为相等,换句话说,比较时以右边的字符串为准,右边字符串比较结束就终止比较。而在 SET EXACT ON 状态下,则先在较短字符串的尾部添加空格,使得两个字符串长度相等后再进行比较。

该程序首先定义变量 S 的值是一个长度为 4 的字符串 ni 和两个空格。接下来,程序开始执行 IF…ELSE 条件语句的内容。该条件语句中嵌套了两个 IF 条件语句。第一个 IF 条件语句是"＝＝",要求对字符串进行精确比较,字符型变量 S 的值长度为 4,而字符串 ni 的长度为 2,两个字符串不完全相等,因此,IF 条件不成立,转向执行与之匹配的 ELSE 和 ENDIF 之间的语句,即转到执行程序段的第 10 行,判断 S 的值是否等于字符串 ni,由于程序段一开始就设置了 EXACT 的状态为 ON,即在使用单等号比较两个字符串时,先在较短的字符串尾部加上若干个空格,使进行比较的两个字符串长度相等,然后再进行精确比较。因此,当在字符串尾部增加两个空格后,将与字符变量 S 的变量值完全相等,此时,接着执行下一条语句,输出字符串 three,转到执行 ENDIF 后面的语句,程序结束。

(15) D。【解析】 当字段变量和内存变量同名时,系统优先使用字段变量。如果要引用内存变量,可以在内存变量名前加前缀"M ."或"M—>"。故选项 D 正确。

(16) B。【解析】 该题考查 Visual FoxPro 中修改表记录的命令。CHANGE 和 REPLACE 命令都具有修改表记录的功能,CHANGE 命令只能在交互环境中使用,用来对当前表记录进行编辑、修改,排除选项 C 和 D。使用 REPLACE 命令可直接用指定的表达式或值修改记录,如果使用 FOR 短语,则修改逻辑表达式为真的所有记录,选项 A 使用了 ALL 短语,命令执行结果是修改表中所有记录,与题目要求不符。故选 B。

(17) B。【解析】 在 Visual FoxPro 中修改数据表结构时,首先应该用 USE 命令打开要修改的数据表,然后利用 MODIFY STRUCTURE 命令打开表设计器进行修改。故选 B。

(18) A。【解析】 运行查询文件的命令格式如下:DO<查询文件名> ,此时必须给出查询文件的扩展名. qpr。

(19) B。【解析】 DROP VIEW 命令的作用是从当前数据库中删除指定的 SQL 视图。

(20) A。【解析】 该题考查 SQL 排序查询。在排序语句中,ASC 短语表示升序排序,是默认的排序方式,可省略;而 DESC 短语表示降序排序,不可以缺少,排除选项 B、C。在 SQL 查询语句中用来指定查询条件的是 WHERE 关键字,排除选项 D。故选 A。

(21) C。【解析】 该题考查 SQL 语句的删除命令。删除记录命令的标准格式为: DELETE FROM <表文件名>[WHERE <条件>]。故选项 C 正确。

(22) B。【解析】 Init 和 Destroy 是事件,Caption 是控件的属性,Release 是方法。

(23) A。【解析】　AutoCenter 属性指定表单在首次显示时,是否自动在 Visual FoxPro 主窗口内居中。其默认值为. F. ,即不居中显示。若要使居中显示,则修改其属性值为. T. 即可。AlwaysOnTop 属性用于设置表单总在最前面,防止其他窗口遮挡表单。表单没有 ShowCenter 和 FormCenter 属性。

(24) C。【解析】　运行表单的命令格式如下:DO FORM<表单文件名>[NAME <变量名>][WITH <参数 1>[,参数 2]]…[LINKED][NOSHOW][TO 内存变量]。其中,NAME 子句用于建立指定名称的变量,并使它指向表单对象;否则,建立与表单文件同名的变量指向表单对象。如果包含 LINKED 关键字,表单对象将随指向它的变量的清除而关闭(释放);否则,即使变量已经清除,表单对象也依然存在。故选项 C 正确。

(25) B。【解析】　该题考查表单控件中事件的引发次序。Click 事件是鼠标单击事件,当为表单或控件设置了 Click 事件代码后,运行表单时,单击该对象将引发 Click 事件。选项组是一个容器类控件,它可以包含若干个单选按钮,每个单选按钮都可以看成是一个独立的基本类控件,并设置自己的属性、事件和方法等。用户可以操作其中的单选按钮,也可以操作整个按钮组。可以通过设置选项组的 Click 事件代码实现对各个按钮的控制,如果选项组和选项组中的某个单选按钮都存在 Click 事件代码,那么一旦单击那个按钮,会优先执行为它单独设置的代码,而不会执行选项组的 Click 事件代码,反之,单击没有设置 Click 事件代码的单选按钮,则执行选项按钮组的 Click 事件代码。故选项 B 正确。

(26) C。【解析】　该题考查参数传递。该题采用在过程名或文件名后面加括号,括号中包括若干个实参变量来调用模块程序。该格式在默认情况下都以按值方式传递参数,如果要改变传递方法,必须通过 SET UDFPARMS TO REFERENCE|VALUE 命令进行设置。但是,不论设置何种传递方式,凡是用括号括起来的实参,全部按值传递,它不受 SET UDFPARMS 语句的影响。故选项 C 正确。

(27) D。【解析】　该题考查 DO WHILE 循环语句的使用,其中 x%10 的运算结果为变量 x 除以 10 之后的余数,int(x/10)的运算结果为变量 x 除以 10 之后的整数部分。本程序的功能为:依次对变量 x 的值,即本题中的 12345,从后向前对各位数进行相加,最后输出,即输出 5+4+3+2+1 的计算值。

(28) B。【解析】　该题考查子串替换函数,该函数的功能是从指定位置开始,用<字符表达式 2>去替换<字符表达式 1>中指定个数的字符。替换和被替换的字符个数不一定相等,即用 BIOS 字符串替换 network 字符串中从第 4 个字符开始的后面 4 个字符。故选项 B 正确。

(29) A。【解析】　该题考查参照完整性规则。依据参照完整性规则,选项 A 正确。

(30) C。【解析】　查询结果有 7 种输出去向,分别是浏览、临时表、表、图形、屏幕、报表和标签,并不包括文本文件。故选项 C 正确。

(31) C。【解析】　在引用表单对象时,要使用 ThisForm,故排除选项 A、B。而在选项 D 中,Capiton 属性值和页面对象 Page3 的位置反了,属性名应放在最后。故选 C。

(32) D。【解析】　"数据"选项卡包含了一个项目中的所有数据文件,如数据库、自由表、查询和视图。

（33）C。【解析】　该题考查 SQL 数据定义命令，利用 ALTER TABLE 命令修改表结构，利用排除法。故选项 C 正确。

（34）D。【解析】　该题考查 SQL 的数据更新命令，其格式为：UPDATE ＜表文件名＞ SET ＜字段名 1＞＝＜表达式＞[，＜字段名 2＞＝＜表达式 2＞…]WHERE ＜条件＞。

（35）A。【解析】　在 SELECT 查询中，条件短语的关键字是 WHERE，排除选项 B、D。求最大值的函数是 MAX()，使用计算函数后，如果要指定新的字段名，可以在该计算函数后通过 AS 短语指定新的字段名，也可以省略 AS 短语直接输入新字段名作为输出显示的字段名称。故选项 A 正确。

二、填空题

【1】　输出。【解析】　测试用例由测试数据（又称输入值集）和与其相对应的输出结果（又称输出值集）两部分组成。

【2】　16。【解析】　在二叉树中，深度为 N 的满二叉树的叶子结点的数目为 $2N-1$。

【3】　24。【解析】　循环队列中的数据元素个数为尾指针与头指针的位置相减，所以为 $29-5=24$。

【4】　关系。【解析】　在关系数据库中，用来表示实体之间联系的是二维表，也称为关系。

【5】　数据定义语言。【解析】　数据库管理系统提供数据定义语言、数据操纵语言和数据控制语言，其中，数据定义语言负责数据的模式定义与数据的物理存储构建；数据操纵语言负责数据的操纵，包括增、删、改以及查询等操作；数据控制语言负责数据的完整性、安全性的定义与检查以及并发控制、恢复等功能。

【6】　不能。【解析】　在同一个关系中不能出现相同的属性名，Visual FoxPro 不允许同一个表中有相同的字段名。

【7】　DISTINCT。【解析】　在 SELECT 命令中，去掉重复记录的子句是 DISTINCT。

【8】　LIKE。【解析】　字符串使用 LIKE ＜通配符＞时，通配符可以使用 * 或?，* 表示任意多个字符，? 表示任意一个字符。

【9】　数据库管理系统。【解析】　数据库管理系统是数据库系统的核心，通常学习使用数据库就是学习某个数据库管理系统的使用方法，如 dBASE、FoxPro、SQL Server 等都是比较有名的数据库管理系统。

【10】　PRIMARY KEY。【解析】　用 CREATE TABLE 命令建立表可以完成表设计器的所有功能，其中用 PRIMARY KEY 说明实体完整性的关键字（主索引）。

【11】　AGE IS NULL。【解析】　字段有 NULL 选项，表示是否允许字段为空值。空值也是关系数据库中的一个重要概念，在数据库中可能会遇到尚未存储数据的字段，这时的空值与空字符串、数值 0 等具有不同的含义，空值表示省略或还没有确定值。

【12】　.T.。【解析】　使用 LOCATE ALL 命令查找记录时，会将表中的所有记录查找一遍，指针最后停在表末尾，而 EOF() 函数的功能是测试当前表文件中的记录指针是否指向文件尾，如果是就返回逻辑真，否则返回逻辑假。本题答案为逻辑真。

【13】　Do mymenu. mpr。【解析】　使用 DO ＜文件名＞运行菜单程序，但文件名的

扩展名.MPR 不能省略。

【14】　LOCAL。【解析】　LOCAL ＜内存变量表＞命令的功能是建立局部内存变量,局部变量只能在建立它的模块中使用,不能在上层或下层模块中使用。

【15】　PACK。【解析】　物理删除有删除标记的记录的命令是PACK。

2008 年 9 月笔试试卷参考答案及解析

一、选择题

(1) B。【解析】　栈是按照"先进后出"(First In Last Out,FILO)的原则组织数据的,故出栈顺序和入栈顺序相反。故选项 B 正确。

(2) D。【解析】　循环队列是线性结构,选项 A 错误。队头指针和队尾指针一起确定元素的动态变化情况,选项 B、C 排除。在循环队列中,用队尾指针 rear 指向队列中的队尾元素,用队头指针 front 指向队头元素的前一个位置,因此,从队头指针 front 指向的后一个位置直到队尾指针 rear 指向的位置之间的所有元素均为队列中的元素。

(3) C。【解析】　对于长度为 n 的有序线性表,在最坏情况下,二分查找只需要比较 $\log_2 n$ 次,而顺序查找需要比较 n 次。

(4) A。【解析】　在选项 B 中链式存储结构也可以用于存储线性结构,线性表的链式存储结构称为线性链表。选项 C 中在链式存储结构也可以存储有序表。在选项 D 中链式存储结构的存储空间中的每一个存储结点分为两部分:一部分称为数据域;另一部分称为指针域。链式存储结构比顺序存储结构费空间。

(5) D。【解析】　在数据流图中使用带箭头的线描述传送数据的方向,叫做数据流,控制流是程序流程图中的工具,用来表示程序流程的执行方向。

(6) B。【解析】　在软件开发中,需求分析阶段使用数据流图(DFD)为系统建立逻辑模型。故选 B。

(7) A。【解析】　对象有如下基本特点:①标识唯一性。每个对象都有自身唯一的标识,通过这种标识,可找到相应的对象。在对象的整个生命期中,它的标识都不改变,不同的对象不能有相同的标识。②分类性。分类性是指可以将具有相同属性和操作的对象抽象成类。③多态性。多态性是指相同的操作或函数、过程可作用于多种类型的对象上并获得不同的结果。不同的对象收到同一消息可以产生不同的结果,这种现象称为多态性。④封装性。从外面看只能看到对象的外部特性,即只需知道数据的取值范围和可以对该数据施加的操作,根本无须知道数据的具体结构以及实现操作的算法。对象的内部(即处理能力和内部状态)对外是不可见的,从外面不能直接使用对象的处理能力,也不能直接修改其内部状态,对象的内部状态只能由其自身改变。

(8) B。【解析】　在宿舍和学生两个实体中,一间宿舍可以住多个学生,而一个学生仅能在一间宿舍里住。故选项 B 正确。

(9) C。【解析】　在人工管理阶段无数据共享;在文件系统阶段数据共享性差;在数据库系统阶段数据共享性最好。

(10) D。【解析】 自然连接是一种特殊的等值连接,它要求在关系中进行比较的两个分量必须是相同的属性组,并且在结果中将重复属性列去掉。依题意选项 D 正确。

(11) D。【解析】 该题考查表单的属性。Caption 属性用于指定在对象标题中显示的文本,应用于复选框、命令按钮、表单、标头、标签、选项按钮、页面、工具栏。

(12) A。【解析】 Release 方法的作用是关闭表单,并将表单从内存中释放。

(13) C。【解析】 选择指的是从数据表的全部记录中把那些符合指定条件的记录挑出来。联接指的是将两个关系模式拼接成一个更宽的关系模式,生成的新关系中包含满足联接条件的元组。投影是从所有字段中选取一部分字段及其值进行操作,它是一种纵向操作。故选项 C 正确。

(14) A。【解析】 该题考查文件的扩展名。MODIFY COMMAND 命令用来建立和修改程序文件,而程序文件的扩展名为. prg。

(15) D。【解析】 该题考查数组的特点。数组创建后,系统自动给每个数组元素赋以逻辑假值. F. 。

(16) B。【解析】 该题考查文件的扩展名。菜单文件的扩展名为. mnx,菜单程序文件的扩展名为. mpr,菜单备注文件的扩展名为. mnt。故选项 B 正确。

(17) B。【解析】 该题考查 DO WHILE 循环语句的使用,其中 x%10 的运算结果为变量 x 除以 10 之后的余数,int(x/10)的运算结果为变量 x 除以 10 之后的整数部分。本程序的功能为:第一次循环 y 的值为 3,第二次循环 y 的值为 34,第三次循环 y 的值为345,直至第 5 次循环,即输出 x 值的反向值 34567。

(18) D。【解析】 GROUP BY 短语用于查询结果的分组,ORDER BY 短语用于指定排序的字段和排序方式,ASC 或 DESC 同 ORDER BY 一起使用,指定排序方式(升序或降序)。

(19) B。【解析】 一个汉字占两个字符的位置。"考试"是 4 个字符。选项 A 的结果为"计算";选项 C 的结果为"计";选项 D 的结果为"试"。

(20) C。【解析】 该题考查视图和查询的区别。查询是以扩展名为. qpr 的文件保存在磁盘文件上的,这是一个文本文件。而视图建立后不以单独的文件存在,而是存放在数据库文件中。

(21) A。【解析】 使用命令 INTO DBF | TABLE <表文件名>将查询结果存放在永久表中,即 INTO TABLE 短语和 INTO DBF 短语是等价的。

(22) A。【解析】 在 Visual FoxPro 中,建立数据库的命令是 CREATE DATABASE <数据库文件名>。故选项 A 正确。

(23) B。【解析】 在 Visual FoxPro 中,执行程序的命令格式为 DO <文件名>。故选 B。

(24) C。【解析】 该题考查表单的方法。表单的 Show 方法用来显示表单。故选 C。

(25) A。【解析】 该题是在数据表 student 中新增字段,ALTER 子句用于修改字段,故排除选项 C、D,字段类型需要用括号括起来。故选项 A 正确。

(26) D。【解析】 页框控件的 PageCount 属性用于指明一个页框对象所包含的页面对象的数量。故选 D。

（27）A。【解析】　打开并修改表单的命令为 MODIFY FORM。故选项 A 正确。

（28）C。【解析】　Visual FoxPro 中菜单项的访问键是包括控制字符反斜杠和左尖括号(\＜)的。故选项 C 正确。

（29）B。【解析】　This 指当前对象，Parent 指对象的上层容器层，ThisForm 指当前的表单。该题中 This 指当前的对象 Command1，This. Parent 指 Command1 的上层容器层——命令按钮组，This. Parent. Parent 指命令按钮组的上层容器层表单。该题是访问表单中的文本框。故选项 B 正确。

（30）C。【解析】　数据环境是一个对象，有自己的属性、方法和事件。数据环境泛指定义表单或表单集时所使用的数据源，包括与表单或表单集相关的数据表、视图以及表之间的关系等，故两个表之间的关系是数据环境中的对象。

（31）B。【解析】　在 SELECT 查询中使用 WHERE 说明查询条件，排除选项 C、D。产品名称不可能既是"主机板"，又是"硬盘"，排除选项 A。故选项 B 正确。

（32）D。【解析】　首先排除选项 A、B，查询条件应为 WHERE。该题查询名称中包含"网络"二字的客户信息，使用 LIKE ＜通配符＞，而＝后不可以跟通配符。故选 D。

（33）A。【解析】　依据查询条件排除选项 C、D。NULL 指尚未确定的值，没有确定订购日期，应该用 IS NULL，排除选项 B。故选项 A 正确。

（34）A。【解析】　JOIN 用于两个表之间的横向联接，排除选项 C、D。查询订购单的数量时，应去掉重复的订单号，使用 DISTINCT 限制。故选项 A 正确。

（35）D。【解析】　订购单表中订单号是关键字，故新增记录不能和已经存在的订单号重复，排除选项 A、B。而订购单表参照客户表，故订购单表中的客户号必须是客户表中已经存在的客户号。故选项 D 正确。

二、填空题

【1】　DBXEAYFZC。【解析】　依据中序遍历的规则，先中序遍历左子树，访问根结点，再中序遍历右子树。

【2】　单元。【解析】　软件测试过程一般按 4 个步骤进行，即单元测试、集成测试、验收测试(确认测试)和系统测试。

【3】　过程。【解析】　软件工程的三要素为方法、工具和过程。方法是完成软件工程项目的技术手段；工具支持软件的开发、管理、文档生成；过程支持软件开发的各个环节的控制和管理。

【4】　逻辑设计。【解析】　数据库设计是确定系统所需要的数据库结构，包括需求分析、概念设计、逻辑设计、物理设计。

【5】　分量。【解析】　在数据表中按行存放数据，每行数据称为元组，一个元组由 n 个元组分量所组成，每个元组分量是数据表中每个属性的投影值。分量对应于属性值，不能再分为更小的数据项。

【6】　TO。【解析】　使用命令子句 TO FILE ＜文本文件名＞将查询结果存放在文本文件中。

【7】　1234。【解析】　LEN（"子串"）的结果为 4，从子串 12345.6189 的左边取 4 个字符为 1234。

【8】 全部。【解析】 在 DELETE FROM ＜表文件名＞[WHERE ＜条件＞]中，FROM 指定从哪个表中删除数据，WHERE 指定被删除的记录应满足的条件，如果不使用 WHERE 子句，则删除该表中的全部记录。

【9】 INTO CURSOR。【解析】 使用命令子句 INTO CURSOR ＜临时文件名＞可将查询结果存放在临时文件中。

【10】 主。【解析】 在数据库表中只能有一个主索引，且只能在表设计器中建立。

【11】 视图。【解析】 查询是以扩展名为.qpr 的文件保存在磁盘文件上的，这是一个独立存储的文本文件。而视图建立后不能独立存储，而是存放在.dbc 文件中。

【12】 零。

【13】 多。【解析】 复选框用于指明一个选项是选定还是不选定。复选框一般成组使用，在应用时可以选择多个选项，也可以一项都不选。

【14】 PasswordChar。【解析】 在 Visual FoxPro 中，控件的 PasswordChar 属性用于指定用作占位符的字符，这样将不显示用户输入的字符，常用于设计口令框。

【15】 排除。【解析】 在项目管理器中，文件的"包含"和"排除"是相对的。将一个项目编译成一个应用程序时，该项目中标记为"包含"的文件将成为只读文件，用户不能修改；如果应用程序中包含需要用户修改的文件，则要将文件标记为"排除"。

2009 年 3 月笔试试卷参考答案及解析

一、选择题

（1）D。【解析】 本题主要考查了栈、队列、循环队列的概念。栈是先进后出的线性表，队列是先进先出的线性表。根据数据结构中各数据元素之间的前后件关系的复杂程度，一般将数据结构分为两大类型：线性结构与非线性结构。有序线性表既可以采用顺序存储结构，又可以采用链式存储结构。

（2）A。【解析】 栈是一种限定在一端进行插入与删除的线性表。在主函数调用子函数时，要首先保存主函数当前的状态，然后转去执行子函数，把子函数的运行结果返回到主函数调用子函数时的位置，主函数再接着往下执行，这种过程符合栈的特点，所以一般采用栈式存储方式。

（3）C。【解析】 根据二叉树的性质，在任意二叉树中，度为 0 的结点（即叶子结点）总是比度为 2 的结点多一个。

（4）D。【解析】 冒泡排序、简单选择排序和直接插入排序法在最坏情况下的比较次数为 $n(n-1)/2$。而堆排序法在最坏情况下需要比较的次数为 $O(n\log_2 n)$。

（5）C。【解析】 编译程序和汇编程序属于支撑软件，操作系统属于系统软件，而教务管理系统属于应用软件。

（6）A。【解析】 软件测试是为了发现错误而执行程序的过程。软件测试要严格执行测试计划，排除测试的随意性。程序调试通常也称为 Debug，对被调试的程序进行错误定位是程序调试的必要步骤。

(7) B。【解析】　耦合性是反映模块间互相连接的紧密程度；内聚性是指一个模块内部各个元素间彼此接合的紧密程度。提高模块的内聚性、降低模块的耦合性有利于提高模块的独立性。

(8) A。【解析】　数据库应用系统中的核心问题是设计一个能满足用户要求、性能良好的数据库，这就是数据库设计。

(9) B。【解析】　一个关系 R 通过投影运算后仍为一个关系 R'，R' 是由 R 中投影运算所指出的那些域的列所组成的关系，所以题目中的关系 S 是由关系 R 经过投影运算得到的。选择运算主要是从关系 R 中选择满足逻辑条件的元组所组成的一个新关系。

(10) C。【解析】　将 E-R 图转换为关系模式时，实体和联系都可以表示为关系。

(11) A。【解析】　数据库(DB)：存储在计算机存储设备上、结构化的相关数据的集合。数据库管理系统(DBMS)：对数据实行专门管理，提供安全性和完整性等统一机制，可以对数据库的建立、使用和维护进行管理。数据库系统(DBS)：指引进数据库技术后的计算机系统，实现有组织地、动态地存储大量相关数据，提供数据处理和信息资源共享的便利手段。数据库系统由硬件系统、数据库、数据库管理系统及相关软件、数据库管理员和用户等部分组成。数据库 DB、数据库系统 DBS 和数据库管理系统 DBMS 之间的关系是 DBS 包括 DB 和 DBMS。

(12) D。【解析】　SQL 的核心是查询，基本形式由 SELECT…FROM…WHERE 查询块组成，多个查询块可嵌套执行。

(13) B。【解析】　修改表结构的命令是 ALTER TABLE。

(14) B。【解析】　由于表 SC 的字段"成绩"的数据类型为数值型，在 Visual FoxPro 中，插入数值型数据时，不需要加双引号。

(15) C。【解析】　RecordSource 属性用于指定表格数据源。其中数据类型共有 5 种取值：0-表、1-别名(默认值)、2-提示、3-查询(.qpr)、4-SQL 语句。

(16) D。【解析】　CREATE TABLE 命令除了具有建立表的基本功能外，还包括用于满足实体完整性的主关键字(主索引)PRIMARY KEY、定义域完整性的 CHECK 约束及给出出错提示信息的 ERROR、定义默认值的 DEFAULT 等，另外还有描述表之间联系的 FOREIGN KEY 和 REFERENCES 等。如果建立自由表(当前没有打开的数据库或使用了 FREE)，则很多选项在命令中不能使用，如 NAME、CHECK、DEFAULT、FOREIGN KEY、PRIMARY KEY 和 REFERENCES 等。

(17) A。【解析】　索引是对表中的记录按照某种逻辑顺序重新排列。主索引：在指定的字段或表达式中不允许出现重复值的索引，且一个数据库表只能创建一个主索引；候选索引：除数据库表外，自由表也可以创建多个候选索引，其指定的字段或表达式中也不允许出现重复值；唯一索引：它的"唯一性"是指索引项的唯一，而不是字段值的唯一，但在使用该索引时，重复的索引字段值只有唯一一个值出现在索引项中；普通索引：不仅允许字段中出现重复值，并且索引项中也允许出现重复值。

(18) B。【解析】　程序文件的建立与修改可以通过命令来完成，其格式是：MODIFY COMMAND ＜文件名＞，如果没有给定扩展名，系统会自动加上默认扩展名(.prg)。

（19）B。【解析】　在程序中直接使用（没有预先声明），而由系统自动隐含建立的变量都是私有变量。私有变量的作用域是建立它的模块及其下属的各层模块。

（20）C。【解析】　在 Visual FoxPro 中支持对空值的运算，但是空值并不等于空字符串，也不等同于数值 0，不同类型数据的"空"值有不同的规定。

（21）B。【解析】　指定工作区的命令是：SELECT nworkArea|cTableAlias。其中，参数 nworkArea 是一个大于等于 0 的数字，用于指定工作区号，最小的工作区号是 1，最大的工作区号是 32767。如果这里指定为 0，则选择编号最小的可用工作区。

（22）B。【解析】　自 20 世纪 80 年代以来，新推出的数据库管理系统几乎都支持关系模型。Visual FoxPro 就是一种关系数据库管理系统，它所管理的关系是若干个二维表。

（23）A。【解析】　数据库表相对于自由表的特点：数据库表可以使用长表名，在表中可以使用长字段名；可以为数据库表中的字段指定标题和添加注释；可以为数据库表中的字段指定默认值和输入掩码；数据库表的字段有默认的控件类；可以为数据库表规定字段级规则和记录级规则；数据库表支持主关键字、参照完整性和表之间的联系。支持 INSERT、UPDATE 和 DELETE 事件的触发器。

（24）D。【解析】　SELECT 的命令格式看起来非常复杂，实际上只要理解了命令中各个短语的含义，还是很容易掌握的，其中主要短语的含义如下：SELECT 说明要查询的数据；FROM 说明要查询的数据来自哪个（些）表，可以基于单个表或多个表进行查询；WHERE 说明查询条件，即选择元组的条件；GROUP BY 短语用于对查询结果进行分组，可以利用它进行分组汇总；HAVING 短语必须跟随 GROUP BY 使用，它来限定分组必须满足的条件；ORDER BY 短语用来对查询的结果进行排序。

（25）B。【解析】　选项组中选项按钮的数目为 2，选项组 Value 值返回的是选项组中被选中的选项按钮，由于选项按钮"女"在选项按钮组中的次序为 2，所以返回的 Value 值为 2。

（26）A。【解析】　教师表 T 的"研究生导师"字段的数据类型为逻辑型，并且要查询"是研究生导师的女老师"，所以 WHERE 子句后面的逻辑表达式为：研究生导师 AND 性别＝"女"或者为：研究生导师＝.T. AND 性别＝"女"。

（27）A。【解析】　先将字符"男"赋值给变 X，在 Visual FoxPro 中，一个汉字占两个字符，所以 LEN(X)＋2＝4，即 Y＝4，所以 IIF(Y＜4,"男","女")返回的结果是"女"。

（28）A。【解析】　该题考查多工作区的概念，在每个工作区中可以打开一个表（即在一个工作区中不能同时打开多个表）。如果在同一时刻需要打开多个表，则只需要在不同的工作区中打开不同的表即可。

（29）C。【解析】　参照完整性的删除规则规定了删除父表中的记录时，如何处理子表中的相关记录，如果选择"级联"选项则自动删除子表中的所有相关记录；如果选择"限制"选项，若子表中有相关记录，则禁止删除父表中的记录；如果选择"忽略"选项，则不做参照完整性检查，即删除父表的记录时与子表无关。

（30）D。【解析】　报表主要包括两部分内容：数据源和布局。数据源是报表的数据来源，通常是数据库中的表或自由表，也可以是视图、查询或临时表。

(31) C。【解析】 由于 SC 表中的"成绩"字段的数据类型为 N 型字段,所以 WHERE 子句中关于成绩的逻辑表达式不需要用双引号。根据 SQL SELECT 语句的语法,选择的字段也不需要用双引号。

(32) A。【解析】 使用短语 INTO CURSOR CursorName 可以将查询结果存放到临时数据表文件中,其中 CursorName 是临时文件名,该短语产生的临时文件是一个只读的.dbf 文件,当查询结束后该临时文件是当前文件,可以像一般的.dbf 文件一样使用,当关闭文件时该文件将被自动删除。

(33) A。【解析】 SQL SELECT 中使用的特殊运算符包括 BETWEEN NumberA AND NumberB,该运算符表示该查询的条件是在 NumberA 与 NumberB 之内,相当于用 AND 连接的一个逻辑表达式。

(34) C。【解析】 查询空值时要使用 IS NULL,而 =NULL 是无效的,因为空值不是一个确定的值,所以不能用 =这样的运算符进行比较。

(35) D。【解析】 选项 D 中的内查询"SELECT 学号 FROM SC WHERE 课程号="C2""的查询结果有可能为多个,而选项 D 中的外层查询 WHERE 子句后面的逻辑表达式使用 =,这样会导致产生错误的结果。

二、填空题

【1】 19。【解析】 栈底指针减去栈顶指针就是当前栈中所有元素的个数。

【2】 白盒。【解析】 软件测试按照功能可以分为白盒测试和黑盒测试。白盒测试方法也称为结构测试或逻辑驱动测试,其主要方法有逻辑覆盖、基本路径测试等。

【3】 顺序结构。【解析】 结构化程序设计的 3 种基本控制结构是顺序结构、选择结构、循环结构。

【4】 数据库管理系统。【解析】 数据库管理系统是一种系统软件,负责数据库中的数据组织,数据操纵,数据维护、控制及保护和数据服务等。数据库管理系统是数据库系统的核心。

【5】 菱形。【解析】 在 E-R 图中,用菱形来表示实体之间的联系。矩形表示实体集,椭圆形表示属性。

【6】 数据库。【解析】 所谓自由表,就是那些不属于任何数据库的表,所有由 FoxBASE 或早期版本的 FoxPro 创建的数据库文件(.dbf)都是自由表。在 Visual FoxPro 中创建表时,如果当前没有打开数据库,则创建的表也是自由表。

【7】 日期时间型。【解析】 日期时间型常量包括日期和时间两部分内容:{<日期><时间>}。<日期>部分与日期型常量相似,也有传统的和严格的两种格式。<时间>部分的格式为:[hh[:mm[:ss]]][AM[PM]],其中 hh、mm 和 ss 分别代表时、分和秒。

【8】 PRIMARY KEY。【解析】 CREATE TABLE|DBF TableName (FieldName1 FieldType [(nFieldWidth [,nPrecision])][NULL|NOT NULL][CHECK Expression1 [ERROR cMessageText1]] [DEFAULT eExpression1] [PRIMARY KEY | UNIQUE] [REFERENCES TableName2 [TAG TagName1]] [,FOREIGN KEY eExpression4 TagName4 [NODUP] REFERENCES TableName3 [TAG TagName5]] [,CHECK

Expression2 ［ERROR eMessageText 2］]）|FROM ARRAY ArrayName 说明：此命令除了具有建立表的基本功能外，还包括满足实体完整性的主关键字（主索引）PRIMARY KEY、定义域完整性的 CHECK 约束及给出出错提示信息的 ERROR、定义默认值的 DEFAULT 等，另外还有描述表之间联系的 FOREIGN KEY 和 REFERENCES 等。

【9】 . prg。【解析】 程序文件的扩展名是. prg。创建程序文件时，如果没有给定扩展名，系统会自动加上默认的扩展名. prg。

【10】 连接。【解析】 在 Visual FoxPro 中，SELECT 语句能够实现投影、选择和连接 3 种专门的关系运算。

【11】 . T. 。【解析】 EOF()的功能是测试指定表文件中的记录指针是否指向文件尾，若是就返回逻辑真(. T.)，否则返回逻辑假(. F.)。表文件尾是指最后一条记录后面的位置。由于 LOCATE ALL 命令查找不到满足条件的记录，记录指针指向文件尾，返回的值应该是逻辑真(. T.)。

【12】 REPLACE ALL。【解析】 在 Visual FoxPro 中可以交互修改记录，也可以用指定值直接修改记录。EDIT 或 CHANGE 命令用于进行交互式修改；REPLACE 命令用于直接修改。当修改全部记录时，用 REPLACE ALL 命令。

【13】 数据库系统。【解析】 在子程序 sub1 中，X 为局部变量，Y 为私有变量。私有变量的作用域是建立它的模块及其下属的各层模块，局部变量只能在建立它的模块中使用，不能在上层或下层模块中使用，所以主程序的运行结果是"数据库系统"。

【14】 HAVING。【解析】 HAVING 短语必须跟随 GROUP BY 使用，用来限定分组必须满足的条件。

【15】 AVG(成绩)。【解析】 SQL 不仅具有一般的检索能力，而且还支持计算方式的检索，用于计算检索的函数有 COUNT(计数)、SUM(求和)、AVG(计算平均值)、MAX(求最大值)及 MIN(求最小值)。题意中要求查询成绩高于或等于平均成绩的学生的学号，所以内查询的字段应该是 AVG(成绩)。

2009 年 9 月笔试试卷参考答案及解析

一、填空题

（1）C。【解析】 线性结构是指数据元素只有一个直接前驱和直接后驱，线性表、循环队列、带链队列和栈是指对插入和删除有特殊要求的线性表，是线性结构。而二叉树是非线性结构。

（2）B。【解析】 栈是一种特殊的线性表，其插入和删除运算都只在线性表的一端进行，而另一端是封闭的。可以进行插入和删除运算的一端称为栈顶；封闭的一端称为栈底。栈顶元素是最后被插入的元素，而栈底元素是最后被删除的，栈是按照"先进后出"的原则组织数据的。

（3）D。【解析】 循环队列是把队列的头和尾在逻辑上连接起来，构成一个环。循环队列中首尾相连，分不清头和尾，此时需要两个指示器分别指向头部和尾部。插入就在尾部指示器的指示位置处插入,删除就在头部指示器的指示位置删除。

(4) A。【解析】　一个算法的空间复杂度一般是指执行这个算法所需的存储空间。一个算法所占用的存储空间包括算法程序所占用的空间,输入的初始数据所占用的存储空间及算法执行过程中所需要的额外空间。

(5) B。【解析】　耦合性和内聚性是模块独立性的两个定性标准,是互相关联的。在软件设计中,各模块间的内聚性越强,则耦合性越弱。一般优秀的软件设计,应尽量做到高内聚,低耦合,有利于提高模块的独立性。

(6) A。【解析】　结构化程序设计的主要原则可概括为自顶向下,逐步求精,限制使用 GOTO 语句。

(7) C。【解析】　N-S 图(也被称为盒图或 CHAPIN 图)和 PAD(问题分析图)及 PFD(程序流程图)是详细设计阶段的常用工具,E-R 图也即实体-联系图,是数据库设计的常用工具。从题中图可以看出该图属于程序流程图。

(8) B。【解析】　数据库系统属于系统软件的范畴。

(9) C。【解析】　E-R 图也即实体-联系图(Entity Relationship Diagram),提供了表示实体型、属性和联系的方法,用来描述现实世界的概念模型,构成 E-R 图的基本要素是实体型、属性和联系,其表示方法为:实体型(Entity)用矩形表示,矩形框内写明实体名;属性(Attribute)用椭圆形表示,并用无向边将其与相应的实体连接起来;联系(Relationship)用菱形表示,菱形框内写明联系名,并用无向边分别与有关实体连接起来,同时在无向边旁边标上联系的类型($1:1,1:n$ 或 $m:n$)。

(10) D。【解析】　关系的并运算是指由结构相同的两个关系合并,形成一个新的关系,其中包含两个关系中的所有元素,由此可知,T 是 R 和 S 的并运算得到的。

(11) A。【解析】　文本框(TextBox)是一种常用控件,可用于输入数据或编辑内存变量、数组元素和非备注型字段内的数据。Value 属性可用来设置文本框的显示内容。InputMask 属性用于指定如何输入和显示数据。

(12) D。【解析】　使用 LIKE 子句时只显示与通配符相匹配的内存变量。通配符包括 * 和?,* 表示任意多个字符,? 表示任意一个字符。故此题只有 D 选项不能显示。

(13) A。【解析】　对字符串取子串函数有 LEFT()、RIGHT()、SUBSTR()。LEFT()是从指定表达式值的左端取一个指定长度的子串作为函数值。RIGHT()是从指定表达式值的右端取一个指定长度的子串作为函数值。SUBSTR()是从指定表达式值的指定起始位置取指定长度的子串作为函数值。而 At()函数是求子串位置的函数,结果是数值型。

(14) B。【解析】　SELECT 语句的 FROM 之后只指定了一个关系,选出满足条件的元组,相当于关系操作的投影操作。

(15) D。【解析】　报表的数据源必须具有表结构。文本文件不可以作为报表的数据源。

(16) A。【解析】　使用索引能够快速定位,在查询时提高查询速度。

(17) C。【解析】　表单文件的扩展名是.scx,.frm 是 Visual Basic 窗体文件格式,.prg 是程序文件格式,.vcx 是可视类库的文件格式。

（18）D。【解析】　这是一个求斐波那契数列（因数学家列昂纳多·斐波那契以兔子繁殖为例子而引入，故又称为"兔子数列"）的程序，通过 FOR 循环结构实现递归运算得到结果。$a(3)=2$，$a(4)=a(2)+a(3)=3$，$a(5)=a(3)+a(4)=5$，$a(6)=a(4)+a(5)=8$。故选 D。

（19）B。【解析】　调用模块程序的格式有以下两种。

格式 1：

```
DO<文件名>|<过程名>WITH<实参1>[,<实参2>,… ]
```

格式 2：

```
DO<文件名>|<过程名>(<实参1>[,<实参2>,…])
```

采用格式 1 调用模块程序时，如果实参是变量，那么传递的将不是变量的值，而是变量的地址，在模块程序中对形参变量值的改变，同样是对实参变量值的改变，所以应选 B，在模块程序中交换了 x1 和 x2 的值。

（20）D。【解析】　查询是以.qpr 为扩展名的查询文件保存在磁盘上的。

（21）D。【解析】　视图可以用来从一个或多个相关联的表中提取（更新）有用的信息，视图依赖于表，不独立存在。通过视图既可以查询表，又可以更新表。视图可以删除。

（22）D。【解析】　设置文本框的 PasswordChar 属性时，文本框中不直接显示用户输入的字符，而是显示占位符，该属性指定用做占位符的字符。

（23）B。【解析】　表单的 Show 方法：显示表单，将表单的 Visible 属性设置为.T.并使表单成为活动对象。表单的 Hide 方法：隐藏表单，将表单的 Visible 属性设置为.F.。表单的 Release 方法：将表单从内存中释放（清除）。SetFocus 方法是针对表单的控件的。

（24）A。【解析】　在数据库中建立表有两种方式：①使用数据库设计器。②使用 OPEN DATABASE 命令打开数据库，然后使用 CREATE 命令建立表。

（25）B。【解析】　同（23）的解析。

（26）D。【解析】　在设置项中有规则（字段有效性规则）、信息（违背字段有效性规则时的提示信息）、默认值（字段的默认值）3 项。

（27）C。【解析】　如果指定了多个字段，则将依次按照自左至右的字段顺序排序。

（28）D。【解析】　创建表单时，可以给属性、方法和事件设置一些值等，但不可添加新的事件。

（29）B。【解析】　VAL 是将字符转为数值的函数，返回值为数值型。STR 是将数字转为字符型的函数，DTOC 和 TTOC 是将日期型或日期时间型数据转为字符型的函数，返回值为字符型。

（30）C。【解析】　语句 INTO DBF | TABLE tablename 是将查询结果存放到永久表中。

（31）A。【解析】　语句 INTO CURSOR tablename 是将查询结果存放到临时数据表文件中。

（32）D。【解析】　设置主关键字的语句为：PRIMARY KEY。

（33）C。【解析】　格式为：CREATE CLASS 新类名 OF 类库名称 AS 父类名。

（34）A。【解析】　INNER JOIN 运算为普通联接，用于组合两个表中的记录，只要在公共字段之中有相符的值。GROUP BY 子句用来分组，HAVING 子句用来从分组的结果中筛选行。这个题不需要分组，也不需要排序，只需要计数函数 COUNT(*)，条件是：系名="计算机"。

（35）D。【解析】　首先使用 GROUP BY 子句来分组，将各系教师人数存入表 temp 中，然后再查询各组人数的最大值。因为要按系来算人数，所以必须按"系号"进行分组，A 答案缺少将两表用共有字段联接的 WHERE 条件，B 答案少了 AS 人数，C 答案将结果存入的是文本文件，只有 D 正确。

二、填空题

【1】　14。【解析】　二叉树中的结点由度为 0、1、2 的 3 种结点组成，叶子结点（也称为度为 0 的结点）总是比度为 2 的结点多一个。所以，具有 5 个度为 2 的结点的二叉树有 6 个叶子结点。总结点数＝6 个叶子结点＋5 个度为 2 的结点＋3 个度为 1 的结点＝5＋6＋3＝14 个结点。

【2】　逻辑处理或逻辑判断。【解析】　程序流程图的主要元素有以下几个。①方框：表示一个处理步骤。②菱形框：表示一个逻辑处理。③箭头：表示控制流向。

【3】　需求分析。【解析】　软件需求规格说明书是在需求分析阶段产生的。

【4】　多对多。【解析】　每个"学生"有多个"可选课程"可对应，每个"可选课程"有多个"学生"可对应。

【5】　身份证号。【解析】　主关键字必须是不可重复的，只有身份证号能够满足这个条件。

【6】　.F.。【解析】　命令按钮的 Cancel 属性的默认值为 .F.，Cancel 属性的值为 .T. 的命令按钮称为"取消"按钮。

【7】　选择操作。【解析】　选择是从行的角度进行的运算，即从水平方向抽取记录。

【8】　{^2009-03-03}。【解析】　Visual FoxPro 采取的是严格的日期格式：{^yyyy-mm-dd}，严格的日期格式必须是 8 位的，花括号内的第一个字符必须是脱字符(^)；年份必须是 4 位；年月日顺序不能颠倒，不能省略。

【9】　忽略。【解析】　参照完整性包括更新规则、删除规则和插入规则。插入规则规定了当在子表中插入记录时，是否进行参照完整性检查，包括"限制"和"忽略"选项。

【10】　DROP VIEW MyView。【解析】　删除视图的命令格式为：DROP VIEW 视图名。

【11】　GROUP BY。【解析】　GROUP BY 子句用来分组。

【12】　自由表。【解析】　项目管理器包括 6 个选项卡，其中"数据"、"文档"、"类"、"代码"、"其他"5 个选项卡用于分类显示各种文件，"全部"选项卡用于集中显示该项目的所有文件。"数据"选项卡包含了一个项目中的所有数据文件，如数据库、自由表、查询和视图。

【13】　Enabled。【解析】　ReadOnly 和 Enabled 都可以使编辑框内容处于只读状态，用 ReadOnly 时用户仍能移动焦点至编辑框并使用滚动条，用 Enabled 时则不能。

【14】 ALTER。

【15】 SET CHECK。【解析】 为字段增加有效性使用修改表结构命令 ALTER TABLE 和 SET CHECK。

2010 年 3 月笔试试卷参考答案及解析

一、选择题

(1) C。【解析】 二分查找法只适用于顺序存储的有序表,对于长度为 n 的有序线性表,在最坏情况下只需比较 $\log_2 n$ 次。

(2) D。【解析】 算法的时间复杂度是指算法需要消耗的时间资源。一般来说,计算机算法是问题规模 n 的函数 $f(n)$,算法的时间复杂度也因此记做 $T(n) = O(f(n))$,因此,问题的规模 n 越大,算法执行时间的增长率与 $f(n)$ 的增长率正相关,称为渐进时间复杂度(Asymptotic Time Complexity)。简单来说就是算法在执行过程中所需要的基本运算次数。

(3) B。【解析】 编辑软件和浏览器属于工具软件,教务系统是应用软件。

(4) A。【解析】 调试的目的是发现错误或导致程序失效的错误原因,并修改程序以修正错误。调试是测试之后的活动。

(5) C。【解析】 数据流程图是一种结构化分析描述模型,用来对系统的功能需求进行建模。

(6) B。【解析】 在开发阶段的开发初期可分为需求分析、总体设计、详细设计 3 个阶段,在开发后期分为编码、测试两个子阶段。

(7) A。【解析】 数据描述语言(Data Description Language,DDL)是用来描述、定义数据模式的,体现、反映了数据库系统的整体观。

(8) D。【解析】 一个数据库由一个文件或文件集合组成。这些文件中的信息可分解成一个个记录。

(9) C。【解析】 E-R(Entity-Relationship)图为实体-联系图,提供了表示实体型、属性和联系的方法,用来描述现实世界的概念模型。

(10) A。【解析】 选择是建立一个含有与原始关系相同列数的新表,但是行只包括那些满足某些特定标准的原始关系行。

(11) B。【解析】 在 Visual FoxPro 中,编译后的程序文件扩展名为.exe,.prg 为程序文件,.dbc 为数据库文件。

(12) A。【解析】 因表已在当前工作区打开,所以,修改表结构应使用 MODI STRU 命令。

(13) D。【解析】 在 Visual FoxPro 中修改记录的命令有交互修改的 EDIT 和 CHANGE 命令和直接修改的 REPLACE 命令。EDIT 和 CHANGE 命令均用于交互地对当前表的记录进行编辑、修改,默认编辑的是当前记录,REPLACE 命令可直接指定表达式或值修改记录。

(14) D。【解析】　在 Visual FoxPro 中也采用了面向对象的思想,属性用来表示对象的状态,方法用来表示对象的行为,而事件是一种由系统预先定义而由用户或系统发出的动作。事件代码既可以在事件引发时执行,也可以像方法一样被显式调用。每一个 Visual FoxPro 基类都有自己的一组属性、方法和事件。基于相同类的对象可以设置不同的属性值。

(15) D。【解析】　从 a、b 的值可以看出输出结果是 b 连接上 a 的第二个汉字。在字符函数中 AT() 返回的是字符在字符串中的位置,函数值是数值型,LEFT() 返回的是字符表达式从左侧起指定长度的字符串。RIGHT() 返回的是字符表达式从右侧起指定长度的字符串。

(16) B。【解析】　在关系数据库中,关系也被称为表。一般一个表对应于磁盘上的一个扩展名为.dbf 的文件。

(17) B。【解析】　EMPTY 是"空"值测试函数,功能是根据指定表达式的运算结果是否为"空"值,返回逻辑真或逻辑假。这里的"空"值与 NULL 值是两个不同的概念。LIKE 函数是字符串匹配函数,功能为比较两个字符串对应位上的字符,若所有对应字符都相匹配,函数返回逻辑真,否则返回逻辑假,第一个字符串参数可以包含通配符 * 和?。* 可与任何数目的字符相匹配,? 可与任何单个的字符相匹配。AT 是求子串位置的函数,返回值为数值型。ISNULL 函数是用于判断表达式的值是否为空的函数。SPACE 函数返回的是指定长度的空格字符串。

(18) B。【解析】　在 Visual FoxPro 中,视图是一个定制的虚拟表,可以是本地的、远程的或带参数的。视图物理上不包含数据。视图是数据库的一个特有功能,只有在包含视图的数据库打开时,才能使用视图。

(19) C。【解析】　关系的特点有:①关系必须规范化;②在同一个关系中不能出现相同的属性名;③关系中不能有相同的元组;④在一个关系中元组的次序无关紧要,任意交换两行的位置并不影响数据的实际含义;⑤在一个关系中列的次序无关紧要,任意交换两列的位置也不影响数据的实际含义。

(20) C。【解析】　报表主要包括两部分内容:数据源和布局。数据源是报表的数据来源,通常是数据库中的表或自由表,也可以是视图、查询或临时表。

(21) B。【解析】　表格是一种容器对象,按行和列的形式显示数据,使用 RecordSource 属性指定数据源。

(22) C。【解析】　参照完整性规则包括更新规则、删除规则和插入规则。删除规则规定了当删除父表中的记录时,如何处理子表中的相关记录.如果选择了"级联"选项,则自动删除子表中的所有相关记录。

(23) B。【解析】　在报表中使用的控件有标签、线条、矩形、圆角矩形、域控件和 OLE 对象。其中域控件用于打印表或视图中的字段、变量和表达式的计算结果。

(24) D。【解析】　查询是预先定义好的 SQL SELECT 语句,在不同的场合可以直接或反复使用,从而提高效率,是从指定的表或视图中提取满足条件的记录,然后按照想得到的输出类型定向输出查询结果。

(25) B。【解析】　SQL 语句中的 INSERT 关键词是插入记录的命令,UPDATE 是更新记录的命令,CREATE 是创建表的命令,SELECT 是查询命令。

(26) C。【解析】 显示、隐藏与关闭表单的方法如下：Show,显示表单;Hide,隐藏表单;Release,将表单从内存中释放(清除)。

(27) A。【解析】 此命令并未改变字段值。

(28) D。【解析】 在 SQL 语句中模糊匹配应使用语句 LIKE。

(29) B。【解析】 虽然在 IF 语句中 S 的值是由 A 的值决定的,但是,在输出前 S 的值又被重新赋值,所以输出结果为 1。

(30) B。【解析】 查询条件语句中的字段名不能用引号,字段内容为 C 型的条件值需要用引号。

(31) C。【解析】 "借阅"表中的"还书日期"默认值为 NULL,未还书记录即为还书日期为 NULL 的记录,条件语句中应为 IS NULL。

(32) A。【解析】 将查询结果存放在临时文件中应使用短语 INTO CURSOR CursorName 语句,其中 CursorName 是临时文件名,该语句产生的临时文件是一个只读的 .dbf 文件,当查询结束后该临时文件是当前文件。

(33) D。【解析】 在 SQL 语句中模糊匹配应使用语句 LIKE。

(34) B。【解析】 判断日期的年的部分,应使用 YEAR()函数获得年的值。

(35) D。【解析】 这是一个基于多个关系的查询,查询结果出自一个关系,但相关条件却涉及多个关系,所以使用嵌套查询。

二、填空题

【1】 A,B,C,D,E,5,4,3,2,1。【解析】 队列是先进先出的。

【2】 15。【解析】 队列个数＝rear－front＋容量。

【3】 EDBGHFCA。【解析】 后序遍历的规则是先遍历左子树,然后遍历右子树,最后遍历访问根结点,各子树都是同样的递归遍历。

【4】 程序。【解析】 参考软件的定义。

【5】 课号。【解析】 课号是课程的唯一标识,即主键。

【6】 实体。【解析】 数据完整性包括实体完整性、域完整性和参照完整性。实体完整性是保证表中的记录唯一的特性,即在一个表中不允许有重复的记录。在 Visual FoxPro 中利用主关键字和候选关键字来保证表中的记录唯一。主索引中的关键字又称为主关键字,候选索引中的关键字又称为候选关键字。

【7】 DO queryone. qpr。【解析】 执行查询有两种方式,如果在项目管理器中,将"数据"选项卡的"查询"选项展开,然后选择要运行的查询,并单击"运行"按钮。如果以命令方式执行查询,则命令格式是：do queryfile,此时必须给出查询文件的扩展名. qpr。

【8】 EMP. fpt 或 EMP。【解析】 在关系数据库中也将关系称为表,一个数据库中的数据就是由表的集合构成的,一般一个表对应磁盘上的一个扩展名为. dbf 的文件,如果有备注或者通用型的字段,则磁盘上还会有一个对应的扩展名为. fpt 的文件。

【9】 域。【解析】 数据完整性一般包括实体完整性、域完整性和参照完整性。建立字段有效性规则属于域完整性。

【10】 多对一。【解析】 一个班级可以包含多个学生。

【11】　关系(或二维表)。【解析】　Visual FoxPro 是一种关系数据库管理系统,关系模型的用户界面非常简单,一个关系的逻辑结构就是一张二维表。

【12】　COUNT()。【解析】　SQL 不仅有一般的检索能力,而且还有计算方式的检索能力。用于计算检索的函数有 COUNT(计数)、SUM(求和)、AVG(计算平均值)、MAX(求最大值)、MIN(求最小值)。

【13】　DISTINCT。【解析】　DISTINCT 语句的功能是消除重复记录。

【14】　CHECK。【解析】　修改表结构的命令是 ALTER TABLE,在命令格式中设置有效性规则应使用 CHECK。

【15】　HAVING。【解析】　在 SELECT 语句中,使用 GROUP BY 短语对查询结果进行分组,可以利用它进行分组汇总;HAVING 短语必须跟随 GROUP BY 使用,用来限定分组必须满足的条件。